国家示范性高等职业院校优质核心课程改革教材

建筑工程质量检验与评定

主 编 王 辉
主 审 杨光勇

人民交通出版社

内 容 提 要

本书是国家示范性高等职业院校优质核心课程改革教材。选取一个真实工程为贯穿项目，按施工和质量验收顺序设计了五个学习情境，分别是：地基基础分部工程质量验收与评定、主体结构分部工程质量验收与评定、屋面分部工程质量验收与评定、建筑装饰装修分部工程质量验收与评定、单位工程竣工质量验收与评定。

本书适用于高等职业技术院校建筑工程技术专业学生学材，也可用作相关技术人员的参考用书。

图书在版编目(CIP)数据

建筑工程质量检验与评定/王辉主编. ---北京：人民交通出版社，2011.4

国家示范性高等职业院校优质核心课程改革教材

ISBN 978-7-114-09000-4

I.①建… II.①王… III.①建筑工程—工程质量—质量控制—高等职业教育—教材 IV.①TU712

中国版本图书馆 CIP 数据核字(2011)第 057001 号

书　　名：	国家示范性高等职业院校优质核心课程改革教材 建筑工程质量检验与评定
著 作 者：	王　辉
责任编辑：	戴慧莉
出版发行：	人民交通出版社股份有限公司
地　　址：	(100011)北京市朝阳区安定门外外馆斜街 3 号
网　　址：	http://www.ccpress.com.cn
销售电话：	(010) 59757973
总 经 销：	人民交通出版社股份有限公司发行部
经　　销：	各地新华书店
印　　刷：	北京市密东印刷有限公司
开　　本：	787×1092　1/16
印　　张：	8.25
字　　数：	192 千
版　　次：	2011 年 4 月　第 1 版
印　　次：	2016 年 1 月　第 6 次印刷
书　　号：	ISBN 978-7-114- 09000- 4
定　　价：	24.00 元

(有印刷、装订质量问题的图书由本社负责调换)

四川交通职业技术学院
优质核心课程改革教材编审委员会

主　任　魏庆曜

副主任　李全文　王晓琼

委　员　(道路桥梁类专业编审组)

　　　　　杨　平　袁　杰　李永林　张政国　晏大容　黄万才　盛　湧
　　　　　阮志刚　聂忠权　陈海英　常昇宏　张　立　王闰臣　刘玉洁
　　　　　宋林锦　乔晓霞

　　　　　(汽车运用技术专业编审组)

　　　　　周林福　袁　杰　吴　斌　秦兴顺　张　洪　甘绍津　刘晓东
　　　　　何　攀　粟　林　李作发　杨　军　莫　凯　高　琼　旷文才
　　　　　黄云鹏　顾　华　郭远辉　陈　清　许　康　吴晖彤　周　旭
　　　　　方　文

　　　　　(建筑工程专业编审组)

　　　　　杨甲奇　袁　杰　蒋泽汉　李全怀　李伯成　郑玉祥　曹雪梅
　　　　　郑新德　李　燕　杨陈慧

序 *Xu*

为贯彻教育部、财政部《关于实施国家示范性高等职业院校建设计划,加快高等职业教育改革与发展的意见》(教高【2006】14 号)和《关于全面提高高等职业教育教学质量的若干意见》(教高【2006】16 号)精神,作为国家示范性高等职业院校建设单位,我院从 2007 年开始组织探索如何设计开发既能体现职业教育类型特点,又能满足高等教育层次需求的专业课程体系和教学方法。三年来,我们先后邀请了多名国内外职业教育专家,组织进行了现代职业技术教育理论系统学习和职业技术教育课程开发方法系统的培训;在课程开发专家团队指导下,按照"行业分析,典型工作任务,行动领域,学习领域"的开发思路,以职业分析为依据,以培养职业行动能力为核心,对传统的学科式专业课程进行解构和重构,形成了以学习领域课程结构为特征的专业核心课程体系;与企业专业技术人员共同组成课程开发团队,按照企业全程参与的建设模式、基于工作过程系统化的建设思路,完成了 10 个重点建设专业(4 个为中央财政支持的重点建设专业)核心课程的学材、电子资源、试题库、网络课程和生产问题资源库等内容的建设和完善,在课程建设方面取得了丰厚的成果。

对示范院校建设工程而言,重点专业建设是龙头;在专业建设项目中,课程建设是关键。职业教育的课程改革是一项长期艰苦的工作,它不是片面的课程内容的解构和重构,必须以人才培养模式创新为核心,实训条件的改善、实训项目的开发、教学方法的变革、双师结构教师团队的建设等一系列条件为支撑。三年来,我们以课程改革为抓手,力图实现全面的建设和提升;在推动课程改革中秉承"片面地借鉴,不如全面地学习",全面地学习和借鉴,认真地研究和实践;始终追求如何在课程建设方面做出中国特色,做出四川特色,做出交通特色。

历经 1 000 多个日日夜夜的辛劳,面对包含了我们教师团队心血,即将破茧的课程建设成果的陆续出版,感到几分欣慰;面对国际日益激烈的经济的竞争,面对我国交通现代化建设的巨大需求,感到肩上的压力倍增。路漫漫其修远兮,吾将上下而求索! 希望更多的人来加入我们这个团结、奋进、开拓、进取的团队,取得更多更好的成果。

在这些教材的编写过程中,相关企业的专家给予了很多的支持与帮助,在此谨表示衷心的感谢!

四川交通职业技术学院院长

前　　言

　　质量是企业的生命,是企业发展的根本保证。在建筑市场竞争激烈的今天,如何提高施工质量管理水平是每一位企业管理者必须思考的问题。影响施工质量的因素有许多方面,本书从施工过程质量控制和竣工验收质量控制入手,详细分析质量检验与评定对保证和提高施工质量的重要作用。通过对施工一线质量员、施工员、资料员、监理员、质检人员工作岗位进行调查和研讨,以工作过程为导向、以任务驱动为主线对教学内容进行重组,编写了《建筑工程质量检验与评定》这本书供学生使用。

　　该学材在内容的组织上,选取一个真实工程为贯穿项目,按施工和质量验收顺序设计了五个学习情境,分别是:地基基础分部工程质量验收与评定、主体结构分部工程质量验收与评定、屋面分部工程质量验收与评定、建筑装饰装修分部工程质量验收与评定和单位工程竣工质量验收与评定。

　　本书在编写上突出了以下两个方面的特点:

　　(1)框架清晰,结构完整。本书在保证学科体系系统性和全面性的基础上,充分体现"基础理论够用,专业知识重点保证,能力培养综合强化"的原则。通过对本学材的学习,学生可全面系统地掌握建筑工程质量验收的过程、方法和标准。

　　(2)实例设计紧贴现实,强调实用性和可操作性。本书采用项目—任务的结构编写,从过去的单一型的学科类理论教学转向以岗位能力为目标的任务驱动法教学。实践操作既考虑了建筑工程中常见的实际任务,又进行了一定的简化,以培养学习者实际需要的能力并容易上手,充分体现了高职高专应用型人才的培养目标和职业定位。

　　该学材由王辉担任主编,杨光勇担任主审。在编写过程中,得到了中建二局四川装饰分公司刘小飞经理,四川省交通厅质量站刘守明站长,大连职业技术学院唐舵、李英老师,成都农业科技职业学院建筑工程学院冯光荣院长,成都衡泰工程管理有限公司薛昆高工的大力支持和帮助,在此表示衷心的感谢。

　　由于编写时间仓促,经验有限,缺点和不足之处在所难免,恳请读者批评指正。

编　者
2011 年 3 月

目 录

学习情境一 地基基础分部工程质量验收与评定 ………………………………………… 1
    任务一 建筑工程质量验收准备 ………………………………………………………… 1
    任务二 土方分部工程质量验收 ………………………………………………………… 5
    任务三 桩基础分部工程质量验收 ……………………………………………………… 13

学习情境二 主体结构分部工程质量验收与评定 ………………………………………… 23
    任务一 砌体结构分部工程质量验收 …………………………………………………… 23
    任务二 混凝土结构分部工程质量验收 ………………………………………………… 33
    任务三 钢结构分部工程质量验收 ……………………………………………………… 50

学习情境三 屋面分部工程质量验收与评定 ……………………………………………… 59
    任务一 柔性防水屋面分部工程质量验收 ……………………………………………… 59
    任务二 刚性防水屋面分部工程质量验收 ……………………………………………… 70

学习情境四 建筑装饰装修分部工程质量验收与评定 …………………………………… 78
    任务一 抹灰分部工程质量验收 ………………………………………………………… 78
    任务二 门窗分部工程质量验收 ………………………………………………………… 84
    任务三 饰面板(砖)分部工程质量验收 ………………………………………………… 90
    任务四 涂饰分部工程质量验收 ………………………………………………………… 98

学习情境五 单位工程竣工质量验收与评定 ……………………………………………… 106
    任务一 单位工程质量验收与备案 ……………………………………………………… 106
    任务二 工程质量事故的处理 …………………………………………………………… 115

参考文献 ……………………………………………………………………………………… 120

本工程项目为某学院的实训大楼,共5层,建筑面积约为27519.8m^2,占地面积约为5946.65m^2,建筑高度为23.7m,建筑耐火等级为二级,屋面防水等级为Ⅱ级,抗震设防烈度为7度,结构类型是现浇钢筋混凝土框架结构。基础采用柱下独立基础,-0.060以下内外墙及女儿墙采用MU10页岩实心砖、M5水泥砂浆砌筑,-0.060以上内外墙采用MU10页岩大孔砖、M5混合砂浆砌筑。

通过对本工程项目及各分部分项工程、检验批的质量验收,掌握常用质量工具的使用和常规检验方法,重点掌握各分部工程、分项工程的质量验收标准和验收方法以及质量验收记录表的填写。

学习情境一　地基基础分部工程质量验收与评定

任务一　建筑工程质量验收准备

一、任务描述

施工现场已准备就位,地基基础的施工马上开展,现需做好质量验收的准备工作,以便对即将开展的地基基础工程施工、主体工程施工、屋面工程施工及装饰装修工程施工,做好质量检测、验收及评定的准备。本任务介绍建筑工程验收层次的划分,常见的质量验收工具和验收的方法,质量验收的程序和验收的组织规定,为后面各分部工程的质量验收、单位工程的竣工验收作准备。

二、学习目标

通过本任务的学习,你应当能:
1. 正确划分单位工程、分部工程、分项工程等验收层次;
2. 正确使用常用的质量检验工具和选用质量验收方法;
3. 掌握质量验收程序和组织规定。

三、任务实施

引导问题1:怎样理解建筑工程质量与建筑工程质量检查的定义?
如果你购置一套住房,会考虑哪些与房子本身有关的因素?

_____

_____

_____

把上述的因素归纳总结为:(　　　)方面、(　　　)方面、(　　　)方面、(　　　)方面、（　　　）方面、（　　　）方面。

因此我们可以得到建筑工程质量的定义是：_____

_____

质量检查的定义是：_____

_____

引导问题2：单位工程、分部工程、分项工程是如何划分的？

_____

_____

_____

_____

做一做

将下列所述项分别填入以下对应的框中。

学生8#宿舍、土方开挖、砖砌体、建筑装饰装修、网架安装、水泥混凝土面层、地面、玻璃幕墙、吊顶、主体结构、广播电视塔、室外安装、建筑小品、一般抹灰、粉煤灰地基、电梯、钢结构。

单位工程：	分部工程：	分项工程：

（1）单位工程的划分标准是：

（2）分部工程的划分标准是：

（3）分项工程的划分标准是：

（4）检验批的划分标准是：

> 练一练

(1)按同一生产条件或按规定的方式汇总起来供检验用的,由一定数量样本组成的检验体,称之为( )。
  A.主控项目 B.一般项目 C.检验批 D.保证项目

(2)单位工程划分的基本原则是按( )确定。
  A.具备独立施工条件并能形成独立使用功能的建筑物或构筑物
  B.工程部位、专业性质和专业系统
  C.主要材料、设备类别和建筑功能
  D.施工程序、施工工艺和施工方法

(3)下列属于分项工程的是( )。
  A.一般抹灰 B.幕墙 C.地基与基础 D.电梯

(4)下列不属于分项工程的是( )。
  A.一般抹灰 B.门窗 C.砖砌体 D.灰土地基

(5)下列属于分部工程的是( )。
  A.水泥混凝土面层 B.建筑装饰装修 C.建筑电气 D.吊顶

(6)下列不属于分部工程的是( )。
  A.建筑屋面 B.门窗 C.砌体结构 D.混凝土灌注桩

(7)检验批可根据施工及质量控制和专业验收需要按( )进行划分(多选)。
  A.楼层 B.变形缝 C.材料 D.施工段 E.施工工艺

引导问题3:质量检查方法和检查工具有哪些?

(1)质量检验的主要方法有( )(多选)。
  A.目测法 B.实测法 C.分层法 D.控制图法 E.实验法

(2)目测法是根据质量要求,采用( )等手法对检查对象进行检查(多选)。
  A.看 B.摸 C.敲 D.照 E.靠

(3)实测法是根据质量要求,采用( )等手法对检查对象进行检查(多选)。
  A.吊 B.摸 C.量 D.套 E.靠

(4)检测仪器认识及使用。

①内外直角检测尺,如图1-1所示。

用途:

验收标准:

②对角检测尺,如图1-2所示。

用途:

验收标准：

③楔形塞尺，如图 1-3 所示。
用途：

验收标准：

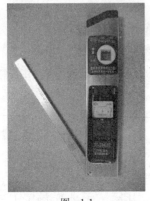
图 1-1

图 1-2

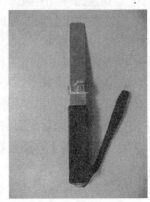
图 1-3

④垂直检测尺，如图 1-4 所示。
用途：

验收标准：

⑤百格网，如图 1-5 所示。
用途：

验收标准：

⑥响鼓锤,如图1-6所示。

图 1-4

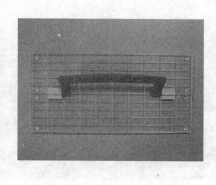
图 1-5

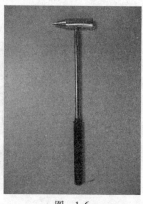
图 1-6

用途:

验收标准:

> **思考**:验收工具、验收方法都有了,该由谁来验收呢?各自的职责是什么?他们之间的关系是什么?

(1)监理方是受(　　)单位的委托,代表(　　)执行施工监督、控制工程质量并参与各层次的检查与验收工作。

  A. 建设　　　　B. 施工　　　　C. 勘察　　　　D. 设计

(2)(　　)是建筑工程施工的主体,其行为对工程建设质量起关键性作用。

  A. 施工单位　　B. 建设单位　　C. 监理单位　　D. 设计勘察单位

任务二　土方分部工程质量验收

一、任务描述

在本阶段,施工单位正在进行土方开挖、回填工作,如图1-7所示。现需按照质量检验标准和验收方法对本项工作进行质量检查和验收工作,以便开展后续项目。

图 1-7

二、学习目标

通过本任务的学习,你应当能:

1. 根据项目实际情况,完成土方工程的质量验收工作;
2. 针对主控项目和一般项目的验收标准,组织完成土方工程的质量检查或验收,评定或认定该项目的质量;
3. 正确填写土方工程质量验收记录表。

三、任务实施

1. 信息收集

 参考资料

《建筑地基基础工程施工质量验收规范》(GB 50202—2002)
《建筑地基处理技术规范》(JGJ 79—2002)
《建筑地基基础设计规范》(GB 50007—2002)
《建筑工程施工质量验收统一标准》(GB 50300—2002)

引导问题1:土方开挖应遵循的原则是什么?

(1)平整场地前,应具备的资料和条件是:

_____

_____

_____

_____

_____

(2)平整场地的坡度,当设计无要求时应做成向排水沟方向不小于(　　)的坡度。

　　A. 2%　　　　B. 5%　　　　C. 10%　　　　D. 2‰

(3)土方开挖应遵循"＿＿＿＿、＿＿＿＿、＿＿＿＿、＿＿＿＿"的原则。

(4)土方开挖时,为了避免超挖现象的出现,机械开挖时,应留＿＿＿＿＿＿mm 厚的土层。

引导问题 2:基坑降水的要求有哪些?

(1)开挖基坑(槽)前,应做好地面排水或降低地下水位工作,地下水位应降低至＿＿＿＿＿＿以下 0.5~1.0m 后,方可开挖。降水工作应持续到＿＿＿＿＿完毕。

(2)降水方法有＿＿＿＿＿和＿＿＿＿＿两类。

(3)管涌是指＿＿＿的现象。

(4)流沙是指＿＿＿的现象。

引导问题 3:基坑验槽的内容有哪些?

(1)钎探的目的是:

＿＿

＿＿

＿＿

＿＿

＿＿

(2)钎探完毕后,由＿＿＿＿＿负责组织＿＿＿＿＿、＿＿＿＿＿监理和＿＿＿＿＿等单位的相关人员,一同在基坑(槽)现场查看切土断面,评价土质是否与地质勘查相符、是否满足设计要求、是否能进行基础工程施工。

2.任务准备

(1)根据临时性挖方边坡值表(表1-1),分析边坡值与哪些因素有关?为什么?

＿＿

＿＿

＿＿

＿＿

临时性挖方边坡值　　　　　　　表 1-1

土 的 类 别		边坡值(高:宽)
沙土(不包括细沙、粉沙)		1:1.25~1:1.50
一般性黏土	硬	1:0.75~1:1.00
	硬、塑	1:1.00~1:1.25
	软	1:1.50 或更缓
碎石类土	充填坚硬、硬塑黏性土	1:0.50~1:1.00
	充填沙土	1:1.00~1:1.50

(2)土方开挖工程质量检验标准与检验方法,见表1-2。

土方开挖工程质量检验标准与检验方法(单位:mm)　　　表1-2

项目	序号	检查项目	允许偏差或允许值					检验方法
			柱基基坑基槽	挖方场地平整		管沟	地(路)面基层	
				人工	机械			
主控项目	1	标高	-50	±30	±50	-50	-50	水准仪
	2	长度、宽度(由设计中心线向两边量)	+200 -50	+300 -100	+500 -150	+100	—	经纬仪,用钢尺量
	3	边坡	设计要求					观察或用坡度尺检查
一般项目	1	表面平整度	20	20	50	20	20	用2m靠尺和楔形塞尺检查
	2	基底土性	设计要求					观察或土样分析

(3)土方回填时土料有哪些方面的要求？

_____
_____
_____

(4)查阅相关标准并填写完成表1-3。

施工机械填筑厚度　　　表1-3

压实机具	分层厚度(mm)	每层压实遍数
平碾		
振动压实机		
柴油打夯机		
人工打夯		

(5)土方回填工程质量检验标准与检验方法,见表1-4。

填土工程质量检验标准与检验方法(mm)　　　表1-4

项目	序号	检查项目	允许偏差或允许值					检验方法
			柱基基坑基槽	挖方场地平整		管沟	地(路)面基层	
				人工	机械			
主控项目	1	标高	-50	±30	±50	-50	-50	水准仪
	2	分层压实系数	设计要求					按规定方法
一般项目	1	回填土料	设计要求					取样检查或直观鉴别
	2	表面平整度	20	20	30	20	20	用靠尺或水准仪
	3	分层厚度及含水量	设计要求					水准仪及抽样检查

3.任务实施

根据工程实际,按照验收标准规范完成表1-5的填写。

（土方回填）分项工程检验批质量验收评定记录

表 1-5

工程名称					分项工程名										
施工单位					项目经理		验收部位								
		项目			合格要求	施工单位检验评定记录									
主控项目	1	标高(mm)	柱基、基坑、基槽		−50										
			挖方场地平整	人工	±30										
				机械	±50										
			管沟		−50										
			地(路)面基层		−50										
	2	分层压实系数	柱基、基坑、基槽		设计要求										
			挖方场地平整	人工	设计要求										
				机械	设计要求										
			管沟		设计要求										
			地(路)面基层		设计要求										
一般项目	1	回填土料	柱基、基坑、基槽		设计要求										
			挖方场地平整	人工	设计要求										
				机械	设计要求										
			管沟		设计要求										
			地(路)面基层		设计要求										
	2	表面平整度(mm)	柱基、基坑、基槽		20										
			挖方场地平整	人工	20										
				机械	30										
			管沟		20										
			地(路)面基层		20										
	3	分层厚度及含水量	柱基、基坑、基槽		设计要求										
			挖方场地平整	人工	设计要求										
				机械	设计要求										
			管沟		设计要求										
			地(路)面基层		设计要求										

主控项目	检查项数：	合格项数：		
一般项目	实测点数：	合格点数	合格率	%

施工单位检验评定结果	评定等级：	评定等级：
	班组长： 专业工长：　　　年　月　日	专职检查员： 项目技术负责人：　　　年　月　日

监理(建设)单位验收结果	评定等级： 监理工程师(建设单位项目负责人)：　　　年　月　日

四、任务评价

1. 小组评价

根据小组任务完成情况给出评分,见表1-6。

任务评价表　　　　　　　　　　　　　　　表1-6

考核项目	考核标准	分值	学生自评	小组互评	教师评价	小计
团队合作	和谐	10				
活动参与	积极	10				
信息收集情况	资料正确、完整	10				
工作过程顺序安排	合理规范	20				
仪器、设备操作	正确、规范	20				
质量验收记录填写	完整、正确、规范	15				
劳动纪律	严格遵守	15				
总　　计		100				

教师签字:　　　　　　　　　　　　　　　年　月　日　　得分

注:未按照施工安全要求进行操作,出现人身伤害或仪器设备损坏的,本任务考核分记为0分。

2. 自我总结

(1)在完成任务过程中,遇到了哪些问题?

_____
_____
_____
_____
_____

(2)如何解决问题?

_____
_____
_____
_____
_____

(3)你认为还需加强哪方面的指导(可以从实际工作过程及理论知识考虑)?

_____
_____
_____
_____
_____

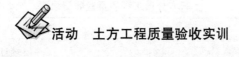 **活动　土方工程质量验收实训**

1. 场景要求

基础图纸 1 份,操作场地 1 块。

2. 检验工具

水准仪、经纬仪、钢卷尺等。

3. 步骤提示

熟悉图纸内容—编写验收方案—按验收规范内容逐一对照进行检查验收。

4. 填写记录

填写基坑隐蔽工程检查记录(表 1-7)和土石方分项工程质量验收记录(表 1-8)。

隐蔽工程检查记录表　　　　　　　　　　　　　　表 1-7

隐蔽工程检查记录表		编号	
工程名称		隐蔽日期	

现我方已完成_____(层)_____(轴线或房间)_____(标高)_____(部位)的(　　)工程,经我方检验,符合设计、规范要求,特申请进行隐蔽验收。

依据：施工图纸(施工图纸号_____)、
　　　设计变更/洽商(编号_____)和有关规范、规程。

材质
主要材料：_____

规格/型号：

特殊工艺：

申报人

审核意见：
　□同意隐蔽　　　□修改后自行隐蔽　　　□不同意,修改后重新报验
质量问题：

参加人员签字	建设(监理单位)	勘察、设计单位	施工单位	
			技术负责人	质检员、工长

土石方分项工程质量验收记录表 表1-8

工程名称		结构类型		部位						
施工单位		项目经理		项目技术负责人						
分包单位		分包单位负责人		分包项目经理						
保证项目		项目					质量情况			
	1	基坑基底的土质,必须符合设计要求,并严禁扰动								
	2	基坑开挖深度必须符合设计要求								
允许偏差项目		项目	允许偏差(mm)		实测偏差值(mm)					
			基坑		1	2	3	4	5	6	7	8	9	10
			人工、机械开挖	爆破开挖										
	1	标高	0 −50	0 −200										
	2	长度、宽度	0	200 0										
	3	边坡偏陡	0	0										
检查结果	保证项目									
	允许偏差项目		实测　　点,其中合格　　点,合格率　　%								
检查结论	专业技术负责人 年　月　日			验收结论	监理工程师 年　月　日					

拓展学习

事故实例

建筑物地基滑动———加拿大特朗斯康谷仓

加拿大特朗斯康谷仓(图1-8)平面呈矩形,长59.44m,宽23.47m,高31.0m,容积36368m³。谷仓每排有13个圆筒仓,共5排65个圆筒仓。谷仓的基础为钢筋混凝土筏基,厚61cm,基础埋深3.66m。

谷仓于1911年开始施工,1913年秋完工。谷仓自重20000t,相当于装满谷物后满载总重量的42.5%。1913年9月起往谷仓装载谷物,装载过程仔细,使谷物均匀分布。到10月,当谷仓装了31822m³谷物时,发现1h内垂直沉降达30.5cm,结构物向西倾斜,并在24h内倾倒,倾斜度离垂线达26°53′。谷仓西端下沉7.32m,东端上抬1.52m。1913年10月18日谷仓倾倒后,上部钢筋混凝土筒仓坚如盘石,仅有极少的表面裂缝。

事后进行勘查分析，发现基底之下为厚十余米的淤泥质软黏土层。地基的极限承载力为251kPa，而谷仓的基底压力已超过300kPa，从而造成地基的整体滑动破坏。基础底面以下一部分土体滑动，向侧面挤出，使东端地面隆起。

图 1-8

加拿大特朗斯康谷仓发生地基滑动强度破坏的主要原因是，对谷仓地基土层事先未作勘察、试验与研究，采用的设计荷载超过地基土的抗剪强度，导致这一严重事故发生。由于谷仓整体刚度较高，地基遭破坏后，筒仓仍保持完整，无明显裂缝，因而地基发生强度破坏而整体失稳。

处理方法：

为修复筒仓，在基础下设置了70多个支承于深16m基岩上的混凝土墩，使用了388只千斤顶，逐渐将倾斜的筒仓加以纠正。补救工作是在倾斜谷仓底部水平巷道中进行的，新的基础在地表下深10.36m处。经过纠倾处理后，谷仓于1916年起恢复使用。修复后露出地面高度比原来降低了4m。

任务三 桩基础分部工程质量验收

一、任务描述

施工单位已完成土方开挖工作，现正进行基础工程的施工，施工现场如图1-9所示。现需按照质量检验标准和验收方法对本项工作进行质量检查和验收工作，根据已验收通过的分项工程，组织地基基础分项工程的质量验收，并判定该分项工程是否合格。

图 1-9

二、学习目标

通过本任务的学习,你应当能:

1. 根据项目实际情况,完成桩基础工程质量的验收工作;
2. 针对主控项目和一般项目的验收标准,组织完成桩基础工程的质量检查或验收,评定或认定该项目的质量;
3. 正确填写桩基础工程质量验收记录表;
4. 根据已验收通过的分项工程,组织地基基础分部工程的质量验收,判定该分部是否合格。

三、任务实施

1. 信息收集

 参考资料

《建筑地基基础工程施工质量验收规范》(GB 50202—2002)
《建筑地基处理技术规范》(JGJ 79—2002)
《建筑地基基础设计规范》(GB 50007—2002)
《建筑工程施工质量验收统一标准》(GB 50300—2002)
《建筑基桩检测技术规范》(JGJ 106—2002)

(1)群桩桩样允许偏差为(　　)mm。
　　A. 10　　　B. 15　　　C. 20　　　D. 25

(2)在混凝土灌注桩钢筋笼检验批的质量验收检查项目中,(　　)为主控项目(多选)。
　　A. 主筋间距　B. 箍筋间距　C. 钢筋材质检验　D. 钢筋长度　E. 钢筋直径

(3)在混凝土灌注桩钢筋笼检验批的质量验收检查项目中,(　　)为一般项目(多选)。
　　A. 主筋间距　B. 箍筋间距　C. 钢筋材质检验　D. 钢筋长度　E. 钢筋直径

(4)(　　)以设计桩长控制成孔深度为主,贯入度为辅。
　　A. 摩擦型桩　　B. 端承桩　　C. 端承摩擦桩　　D. 摩擦端承桩

(5)(　　)以设计桩长控制成孔深度。
　　A. 摩擦型桩　　B. 端承桩　　C. 端承摩擦桩　　D. 摩擦端承桩

(6)桩强度达到设计强度的_____%方可起吊,达到设计强度的_____%方可开始运桩。

(7)将下列词语填写到框图中,补充完成预制桩的施工工艺流程图(图1-10):桩机就位、接桩、定位放线、吊桩就位。

2. 任务准备

(1)混凝土灌注桩分项工程。

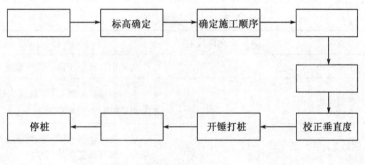

图 1-10

 提示

在实际施工中,由于混凝土灌注桩设有钢筋笼,需要对钢筋进行验收,故形成两个检验批;同时,检验批的划分还要考虑分段施工、桩种类及大小的不同等因素影响,所以混凝土灌注桩分项工程在实际施工中可能会形成多个检验批。

混凝土灌注桩的质量检验包括钢筋笼和混凝土桩身两部分,各自形成一个检验批。

①泥浆护壁成孔桩应检查哪些内容?

②人工挖孔灌注桩应检查哪些内容?

③缩颈产生的原因有哪些?

④进行钢筋笼施工质量的检查(表1-9、表1-10)。

钢筋笼制作允许偏差(单位:mm)　　　　　表-9

序号	检查项目		允许偏差	检查方法
1	主筋间距		±10	现场钢尺量测笼顶、笼中、笼底三个断面
2	箍筋间距		±20	现场钢尺量连续三档,取最大值,每个钢筋笼抽检笼顶、笼底1m范围和笼中部三处
3	钢筋笼直径		±10	现场钢尺量测笼顶、笼中、笼底三个断面,每个断面量两个垂直相交直径
4	钢筋笼总长		±100	现场钢尺量每节钢筋笼长度(以最短一根主筋为准),相加后减去$(n-1)×$主筋搭接长度
5	主筋保护层厚度	水下导管灌注混凝土	±20	观察保护层垫块的放置情况
		非水下灌注混凝土	±10	观察保护层垫块的放置情况

混凝土灌注桩钢筋笼质量标准(单位:mm)　　　　　表1-10

项目	序号	检查项目	允许偏差	检查方法	检查数量
主控项目	1	主筋间距	±10	见表1-5	每个桩全数检查
	2	长度	±100	见表1-5	每个桩全数检查
一般项目	3	钢筋材质检验	符合设计要求	抽样送检,查质报书及试验报告	钢筋混凝土工程质量检验要求
	4	箍筋间距	±20	见表1-5	抽查20%桩总数
	5	直径	±10	见表1-5	抽查20%桩总数

⑤施工质量的检查。检查混凝土配合比是否符合设计及施工工艺的要求,检查混凝土拌制质量,混凝土的坍落度应符合设计和施工要求。检查灌注桩的平面位置及垂直度,其允许偏差应符合表1-11的要求。

灌注桩的平面位置和垂直度的允许偏差　　　　　表1-11

序号	成孔方法		允许偏差		桩位允许偏差	
			桩径(mm)	垂直度(%)	1~3根、单排桩基垂直于中心线方向和群桩基础的边桩	条形桩基沿中心线方向和群桩基础的中心桩
1	泥浆护壁钻孔桩	$D≤1000mm$	±50	<1	$D/6$,且不大于100	$D/4$,且不大于150
		$D>1000mm$	±50		$100-0.01H$	$150-0.01H$
2	套管成孔灌注桩	$D≤500mm$	-20	<1	70	150
		$D>500mm$			100	150
3	干成孔灌注桩		-20	<1	70	150
4	人工挖孔桩	混凝土护壁	±50	<0.5	50	150
		钢套管护壁	±50	<1	100	200

⑥灌注桩工程质量检验标准与方法,见表1-12。

混凝土灌注桩质量检验标准与方法　　　　表1-12

项目	序号	检查项目	允许偏差或允许值		检查方法
			单位	数值	
主控项目	1	桩位		$D/6$,≤100	基坑开挖前量护筒,开挖后量桩中心
	2	孔深	mm	+300	只深不浅,用重锤测,或测钻杆、套管长度,嵌岩桩应确保进入设计要求的嵌岩深度
	3	桩体质量检验	按基桩检测技术规范 如钻芯取样,大直径嵌岩桩应钻至尖下50cm		按基桩检测技术规范
	4	混凝土强度	设计要求		试件报告或钻芯取样送检
	5	承载力	按基桩检测技术规范		按基桩检测技术规范
一般项目	1	垂直度		<1%	测套管或钻杆,或用超声波探没,干施工时吊垂球
	2	桩径	mm	±50	井径仪或超声波检测,干施工时用钢尺量,人工挖孔桩不包括内衬厚度
	3	泥浆比重(黏土或砂性土中)		1.15~1.20	用比重计测,清孔后在距孔底50cm处取样
	4	泥浆面标高(高于地下水位)	m	0.5~1.0	目测
	5	沉渣厚度:端承桩 摩擦桩	mm mm	≤50 ≤150	用沉渣仪或重锤测量
	6	混凝土坍落度:水下灌注 干施工	mm mm	160~220 70~100	坍落度仪
	7	钢筋笼安装深度	mm	±100	用钢尺量
	8	混凝土充盈系数		>1	检查每根桩的实际灌注量
	9	桩顶标高	mm	+30 −50	水准仪,需扣除桩顶浮浆层及劣质桩体

(2)混凝土预制桩分项工程。

①预制桩接桩时有何质量要求?

_____
_____
_____
_____

②预制桩的打桩顺序是如何规定的?

_____
_____
_____
_____

③桩的垂直度、标高和贯入度是如何控制的？

_____
_____
_____
_____

④钢筋混凝土预制桩工程质量检验标准与方法，见表1-13、表1-14。

预制桩钢筋骨架质量检验标准与方法（单位：mm）　　　　表1-13

项目	序号	检查项目	允许偏差或允许值	检查方法
主控项目	1	主筋距桩顶距离	±5	用钢尺量
	2	多节桩锚固钢筋位置	5	用钢尺量
	3	多节桩预埋铁件	±3	用钢尺量
	4	主筋保护层厚度	±5	用钢尺量
一般项目	1	主筋间距	±5	用钢尺量
	2	桩尖中心线	10	用钢尺量
	3	箍筋间距	±20	用钢尺量
	4	桩顶钢筋网片	±10	用钢尺量
	5	多节桩锚固钢筋长度	±10	用钢尺量

钢筋混凝土预制桩工程质量检验标准与方法　　　　表1-14

项目	序号	检查项目	允许偏差或允许值		检查方法
			单位	数值	
主控项目	1	桩体质量检验	按基桩检测技术规范		按基桩检测技术规范
	2	桩位偏差	见规范		用钢尺量
	3	承载力	按基桩检测技术规范		按基桩检测技术规范
一般项目	1	砂、石、水泥、钢材等原材料（现场预制时）	符合设计要求		查出厂质保文件或抽样送检
	2	混凝土配合比及强度（现场预制时）	符合设计要求		检查称量及查试块记录
	3	成品桩外形	表面平整，颜色均匀，掉角深度<10mm，蜂窝面积小于总面积0.5%		直观
	4	成品桩裂缝（收缩裂缝或吊、装运、堆放引起的裂缝）	深度<20mm，宽度<0.25mm，横向裂缝不超过边长的1/2		裂缝测定仪，该项在地下水有侵蚀地区及锤击数超过500击的长桩不适用
	5	成品桩尺寸：横截面边长	mm	±5	用钢尺量
		桩顶对角线差	mm	<10	用钢尺量
		桩尖中心线	mm	<10	用钢尺量
		桩身弯曲矢高		<1/1000l	用钢尺量，l为桩长
		桩顶平整度	mm	<2	用水平尺量
	6	电焊接桩：焊缝质量		>1.0	见规范
		电焊结束后停歇时间	min		秒表测定
		上下节平面偏差	mm	<10	用钢尺量
		节点弯曲矢高		<1/1000l	用钢尺量，l为两节桩长

3. 任务实施

根据工程实际,按照验收标准规范填写完成表1-15。

灌注桩分项工程质量验收记录表　　　　　　表1-15

工程名称				结构类型					部 位						
施工单位				项目经理					项目技术负责人						
分包单位				分包单位负责人					分包项目经理						

		项 目				质 量 情 况									
保证项目	1	原材料和混凝土强度,必须符合设计要求和施工规范的规定													
	2	成孔深度必须符合设计要求。以摩擦力为主的桩,沉渣厚度严禁大于300mm;以端承力为主的桩,沉渣厚度严禁大于100mm													
	3	实际浇筑混凝土量严禁小于计算书中的体积。套管成孔灌注桩任意一段平均直径与设计直径之比严禁小于1													
	4	浇筑后的桩顶标高及浮浆的处理必须符合设计要求及施工规范要求													

		项 目			允许偏差(mm)	实测偏差值(mm)									
						1	2	3	4	5	6	7	8	9	10
允许偏差项目	1	钢筋笼	主筋间距		±10										
	2		箍筋间距		±20										
	3		直径		±10										
	4		长度		±100										
	5	桩的位置偏移	泥浆护壁成孔、干成孔、爆扩成孔灌注桩	垂直于桩基中心线	1~2桩、单排桩、群桩基础的边桩	$D/6$ 且 ≥200									
				沿桩基中心线	条形基础的桩、群桩基础的中间桩	$D/4$ 且 ≥300									
	6		套管成孔灌注桩	1~2根或单排桩	70										
				3~20根桩	$D/2$										
				桩数多于20根 边缘桩	$D/2$										
				中间桩	D										
	7		垂直度		$H/100$										

检查结果	保证项目	
	允许偏差项目	实测　　点,其中合格　　点,合格率　　%

检查结论	专业技术负责人 　　　　　　　　　　年 月 日	验收结论	监理工程师 　　　　　　　　　　年 月 日

注:D 为桩的直径。

四、任务评价

1. 小组评价

根据小组任务完成情况给出评分,见表1-16。

任 务 评 价 表　　　　　　　　表1-16

考核项目	考核标准	分值	学生自评	小组互评	教师评价	小计
团队合作	和谐	10				
活动参与	积极	10				
信息收集情况	资料正确、完整	10				
工作过程顺序安排	合理规范	20				
仪器、设备操作	正确、规范	20				
质量验收记录填写	完整、正确、规范	15				
劳动纪律	严格遵守	15				
总　　计		100				
教师签字:			年　月　日		得分	

注:未按照施工安全要求进行操作,出现人身伤害或仪器设备损坏的,本任务考核分记为0分。

2. 自我总结

(1)在完成任务过程中,遇到了哪些问题?

_____
_____
_____
_____
_____

(2)如何解决问题的?

_____
_____
_____
_____
_____

(3)你认为还需加强哪方面的指导(可以从实际工作过程及理论知识考虑)?

_____
_____
_____
_____
_____

活动　地基基础分部工程质量验收实训

1. 场景要求

基础图纸 1 份，操作场地 1 块。

2. 检验工具

水准仪、经纬仪、钢卷尺等。

3. 步骤提示

熟悉图纸内容—编写验收方案—按验收规范内容逐一对照进行检查验收。

4. 填写记录

填写地基基础分部工程质量验收记录表（表 1-17）。

分部工程质量验收记录（地基与基础）　　　　　表 1-17

工程名称			结构质式 基础类型		
验收部位			层数		
建筑面积			施工日期		验收日期
施工单位			技术部门 负责人		质量部门 负责人
分包单位			分包单位 负责人		分包技术 负责人

序号	项目		验收记录	验收结论
1	子分部工程名称	无支护土方 □ 有支护土方 □ 地基处理 □ 桩基 □ 地下防水 □ 混凝土基础 □ 砌体基础 □ 劲钢（管）混凝土 □ 钢结构 □	共＿＿＿子分部，经查＿＿＿子分部， 符合规范及设计要求＿＿＿子分部	
2	质量控制资料		共＿＿项，经核查符合要求＿＿项，经核定符合规范要求＿＿＿项	
3	安全和功能检验（检测）报告		共抽查＿＿＿项，符合要求＿＿＿项，经返工处理符合要求＿＿＿项	
4	观感质量		共抽查＿＿＿项，符合要求＿＿＿项，不符合要求＿＿＿项	

综合验收意见					
验收单位	分包单位	项目经理：	年	月	日
	施工单位	项目经理：	年	月	日
	勘察单位	项目负责人：	年	月	日
	设计单位	项目负责人：	年	月	日
	监理单位	总监理工程师：	年	月	日
	建设单位	项目负责人：	年	月	日

小知识
比萨斜塔

比萨斜塔于1174年动工兴建，1350年完工，为8层圆柱形建筑，全部用白色大理石砌成，塔高54.5m，塔身墙壁底部厚约4m，顶部厚约2m，塔体总重量达1.42万t。在底层有圆柱15根，中间六层各31根，顶层12根，这些圆形石柱自下而上一起构成了八重213个拱形券门。整个建筑造型古朴而灵巧，为罗马式建筑艺术之典范。钟置于斜塔顶层。塔内有螺旋式阶梯294级，游人由此登上塔顶或各层环廊，可尽览比萨城区风光(图1-10)。

建塔之初，塔体还是笔直向上的。但兴建至第三层时，发现塔体开始倾斜，工程被迫停工。塔体出现倾斜的主要原因是土层强度差、塔基的基础深度不够(只有3m深)，再加上用大理石砌筑的塔身非常重，因而造成塔身不均衡下沉。这种情况的发生，完全是由于建筑师对当地地质构造缺乏全面、缜密的调查和勘测，使其设计有误、奠基不慎造成的。塔停建96年后，又开始继续施工。为了防止塔身再度倾斜，工程师们采取了一系列补救措施。如，采用不同长度的横梁和增加塔身倾斜相反方向的重量等来设法转移塔的重心。但由于已建成的三层倾斜是既成事实，所以，全塔建成后，塔顶中心点还是偏离塔体中心垂直线2m左右。600多年来，因松散的地基难以承受塔身的重压，塔身仍然继续而缓慢地向南倾斜，塔基南面已开始下沉。特别是近一个世纪以来，塔身已向南倾斜了大约30cm，斜度达到8°，塔顶偏离垂直线5.1m。

为了使这座举世闻名的历史建筑物免遭坍塌之厄运，从19世纪开始，人们就对其采取了各种挽救措施。1930年，有关部门在塔基周围施行灌浆法加以保护。意大利政府还分别于1965年、1973年两次出高价向各界征求合理的建设性意见。当局在1990年关闭斜塔时，斜塔已经偏离了4.5m。为了防止斜塔继续倾斜，当局在斜塔北侧的塔基下码放了数百吨重的铅块，并使用钢丝绳从斜塔的腰部向北侧拽住，还抽走了斜塔北侧的许多淤泥，并在塔基地下打入10根50m长的钢柱。此次拯救斜塔的整个工程耗资550亿里拉，纠偏校斜43.8cm，除自然因素外，可确保3个世纪内不会发生倒塌危险。

图 1-10

学习情境二　主体结构分部工程质量验收与评定

任务一　砌体结构分部工程质量验收

一、任务描述

施工单位已完成地基基础分部工程的工作,现正进入主体工程的施工阶段,施工现场如图2-1所示。主体结构分部工程是房屋建筑工程施工中比较重要的分部工程之一,它由柱或墙、梁、板等构件组成。

现需按照质量检验标准和验收方法,对本项工作进行质量检查和验收工作。

图 2-1

二、学习目标

通过本任务的学习,你应当能:

1. 根据项目实际情况,完成砌体结构分部工程质量的验收工作;
2. 针对主控项目和一般项目的验收标准,组织完成砌体工程的质量检查或验收,评定或认定该项目的质量;
3. 正确填写砌体工程质量验收记录表;
4. 根据已验收通过的分项工程,组织砌体分部工程的质量验收,判定该分部是否合格。

三、任务实施

1. 信息收集

　参考资料

《砌体工程施工质量验收规范》(GB 50203—2002)
《砌体工程现场检测技术标准》(GB/T 50315—2000)
《建筑抗震设计规范》(GB 50011—2010)

《建筑砂浆基本性能试验方法标准》(JGJ/T 70—2009)
《烧结普通砖》(GB 5101—2003)
《建筑基桩检测技术规范》(JGJ 106—2002)
《建筑工程冬期施工规程》(JGJ/T 104—97)

引导问题1：根据收集到的信息回答下列问题：
(1)砂浆拌制质量要求有：
_____
_____
_____
_____

(2)当在使用中对水泥质量有怀疑或水泥出厂时间超过_____个月（快硬硅酸盐水泥超过_____个月）时，应复查试验，并按其结果使用。

(3)砌筑砂浆应采用_____搅拌，自投料完算起，搅拌时间应符合下列规定：
水泥砂浆和水泥混合砂浆不得小于_____min；
水泥粉煤灰砂浆和掺用外加剂的砂浆不得少于_____min；
掺用有机塑化剂的砂浆，应为_____min。

> 提示
> 砂浆应随拌随用，水泥砂浆和水泥混合砂浆应分别在3h和4h内使用完毕；当施工期间最高气温超过30℃，应分别在拌成后2h和3h内使用完毕。

(4)砖在砌筑前为什么要浇水湿润？为什么不能久发水？为什么不能急发水？
_____
_____
_____
_____

(5)砖应提前_____浇水湿润。普通砖、多孔砖的含水率宜为_____%，灰砂砖、粉煤灰砖宜为_____%。

(6)现场检验砖含水率的方法是_____，以水浸入砖_____mm为宜。

(7)砌砖工程当采用铺浆法砌筑时，铺浆长度不得超过_____mm；施工期间气温超过30℃时，铺浆长度不得超过_____mm。

引导问题2：砌筑工程砌筑要点有哪些？
(1)将图2-2各图所示的组砌方式填写在图下括号内。
(2)砌筑工程砌筑顺序的规定是：
_____
_____
_____
_____

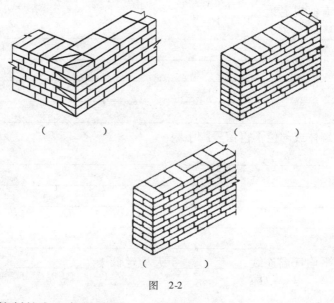

图 2-2

(3)砌筑质量控制的十六字原则是_____、_____、_____、_____。
(4)水平灰缝厚度范围为_____,计算取_____mm。
(5)砂浆饱满度应达到_____%,检测用的工具为_____。

 提示

砖砌体相邻施工段的高差不得超过一个楼层的高度,也不宜大于4m;临时间断处的高度差不得超过一步脚手架的高度;为减少灰缝变形而导致砌体沉降,一般每日砌筑高度不宜超过1.8m,雨期施工,不宜超过1.2m。

(6)根据图2-3提示,砌体的转角处和交接处如何处理?有何规范要求?
_____
_____
_____
_____
_____

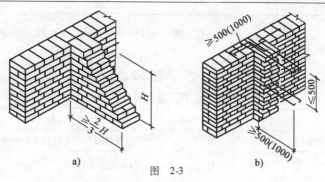

图 2-3
a)斜槎砌筑示意图;b)直槎砌筑及拉结筋示意图(尺寸单位:mm)

(7)洞口留设有何规定?

(8)写出哪些墙体或部位不得留置脚手眼。

(9)当室外日平均气温连续_____天稳定低于_____℃时,砌体工程应采取冬期施工措施。

2. 任务准备

(1)砌体工程材料质量检验的取样要求见表2-1。

砌砖工程质量检验数量　　　　　　　　　　　表2-1

材料名称	组批原则	取样规定
烧结普通砖	每1.5万块为一验收批,不足1.5万块也按一批计	每一验收批随机抽取试样一组(10块)
烧结多孔砖	每3.5万块为一验收批,不足3.5万块也按一批计	每一验收批随机抽取试样一组(10块)
烧结空心砖(非承重)空心砌块	每3万块为一验收批,不足3万块也按一批计	每一验收批随机抽取试样一组(5块)
非烧结普通砖	每5万块为一验收批,不足5万块也按一批计	每一验收批随机抽取试样一组(10块)
粉煤灰砖	每10万块为一验收批,不足10万块也按一批计	每一验收批随机抽取试样一组(20块)
蒸压灰砂砖		每一验收批随机抽取试样一组(10块)
蒸压灰砂空心砖		从外观合格的砖样中,用随机抽取法抽取2组10块(NF砖为2组20块)进行抗压强度试验和抗冻性试验

(2)砌筑的施工工艺流程是:抄平—放线—摆砖—立皮数杆—盘角—挂线—砌筑—勾缝—清理。

(3)砌砖工程质量检验标准和检验方法,见表2-2、表2-3。

砖砌体的位置及垂直度允许偏差　　　　　　　　　表2-2

项次	项目		允许偏差(mm)	检验方法
1	轴线位置偏移		10	用经纬仪和尺检查或用其他测量仪器检查
2	垂直度	每层	5	用2m托线板检查
		全高 ≤10m	10	用经纬仪、吊线和尺检查,或用其他测量仪器检查

抽检数量:轴线查全部承重墙柱;外墙垂直度全高查阳角,不应少于4处,每层20m查一处;内墙按有代表性的自然间抽查10%,但不应少于3间,每间不应少于2处,柱不少于5根。

砖砌体一般尺寸允许偏差   表2-3

项次	项目		允许偏差(mm)	检验方法	抽检数量
1	基础顶面和楼面标高		±15	用水平仪和尺检查	不应少于5处
2	表面平整度	清水墙、柱	5	用2m靠尺和楔形塞尺检查	有代表性自然间10%,但不应少于3间,每间不应少于2处
		混水墙、柱	83		
3	门窗洞口高、宽(后塞口)		±5	用尺检查	检验批洞口的10%,且不应少于5处
4	外墙上下窗口偏移		20	以底层窗口为准,用经纬仪或吊线检查	检验批的10%,且不应少于5处
5	水平灰缝平直度	清水墙	7	拉10m线和尺检查	有代表性自然间10%,但不应少于3间,每间不应少于2处
		混水墙	10		
6	清水墙游丁走缝		20	吊线和尺检查,以每层第一皮砖为准	有代表性自然间10%,但不应少于3间,每间不应少于2处

3.任务实施

根据工程实际,按照验收标准规范填写完成表2-4。

_____分项工程质量验收记录   表2-4

工程名称		结构类型		检验批数	
施工单位		项目经理		项目技术负责人	
分包单位		分包单位负责人		分包项目经理	
序号	检验批部位、区段		施工单位检查评定结果	监理(建设)单位验收结论	
1					
2					
3					
4					
5					
6					
7					
8					

续上表

序号	检验批部位、区段	施工单位检查评定结果	监理(建设)单位验收结论
9			

检查结论	项目专业： 技术负责人： 年 月 日	验收结论	总监理工程师 (建设单位项目专业负责人) 年 月 日

注：分项工程质量应由总监理工程师(建设单位项目专业负责人)组织项目专业技术负责人等进行验收。

四、任务评价

1. 小组评价

根据小组任务完成情况给出评分，见表2-5。

任务评价表　　　　　　　　　表2-5

考核项目	考核标准	分值	学生自评	小组互评	教师评价	小计
团队合作	和谐	10				
活动参与	积极	10				
信息收集情况	资料正确、完整	10				
工作过程顺序安排	合理规范	20				
仪器、设备操作	正确、规范	20				
质量验收记录填写	完整、正确、规范	15				
劳动纪律	严格遵守	15				
总　计		100				

教师签字：　　　　　　　　　　　　　　　年　月　日　　　得分

注：未按照施工安全要求进行操作，出现人身伤害或仪器设备损坏的，本任务考核分记为0分。

2. 自我总结

(1)在完成任务过程中，遇到了哪些问题？

(2)如何解决问题的？

_____
_____
_____
_____
_____

(3)你认为还需加强哪方面的指导(可以从实际工作过程及理论知识考虑)？

_____
_____
_____
_____
_____
_____

活动 砌体结构分部工程质量验收实训

训练一：砌砖工程材料验收

1. 场景要求

砌体材料合格证书、产品性能检测报告及复检报告等资料；砌体结构。

2. 检验工具及使用

材料检测、试验相关标准。

3. 步骤提示

熟悉材料检测、试验相关标准的相关内容—审阅材料合格证书、产品性能检测报告及复检报告—结构评价。

4. 填写记录

填写验收记录，见表2-6。

训练二：砌砖工程质量验收实训

1. 场景要求

实训楼砌体结构质量验收。

2. 检验工具及使用

钢卷尺、靠尺、塞尺、经纬仪、拉线等。

3. 步骤提示

编写验收方案—按验收规范内容逐一对照进行检查验收—结构评价。

4. 填写记录

填写验收记录，见表2-6。

砌砖分项工程质量检验评定表　　　　表2-6

工程名称：　　　　　　　　　　　　　　　　　　　　　　　　　部位：

		项　目	质　量　情　况
保证项目	1	砖应有质量证明书，并应符合设计要求，复试合格后方可使用	
	2	砂浆品种必须符合设计要求，强度必须符合验评标准的规定	
	3	砌体砂浆必须密实饱满，实心砖砌体水平和垂直灰缝的砂浆饱满度不小于80%	
	4	外墙的转角处严禁留直槎，其他临时间断处，留槎的做法必须符合施工规范的规定	
	5	砌体工程施工质量控制等级的选用，应符合设计要求；砌筑过程中，允许自由高度应小于规定允许值；承重墙体不得留水平沟槽	
	6	每层承重墙的最上1皮砖，240mm厚应是整砖丁砌层，在梁或梁垫的下面，砖砌体的阶台水平面上以及砖砌体的挑出层（挑檐、腰线）中，也应是整砖丁砌层	

		项　目	质　量　情　况										等级
			1	2	3	4	5	6	7	8	9	10	
基本项目	1	错　缝											
	2	接　槎											
	3	拉结筋											
	4	构造柱											
	5	清水墙面											

		项　目		允许偏差(mm)	实　测　值（mm）									
					1	2	3	4	5	6	7	8	9	10
允许偏差项目	1	轴线位移		10										
	2	基础和墙砌体顶面标高		±15										
	3	垂直度	每　层	5										
			高全 ≤10m	10										
			高全 >10m	20										
	4	表面平整度	清水墙、柱	5										
			混水墙、柱	8										
	5	水平灰缝平直度	清水墙	7										
			混水墙	10										
	6	水平灰缝厚度（10皮砖累计）		±8										
	7	清水墙面游丁走缝		20										
	8	门窗洞口（后塞口）	宽度	±15										
			门口高度	+15、-5										
	9	预留构造柱截面（宽度、深度）		±10										
	10	外墙上下窗口偏移		20										

续上表

检查结果	保证项目	检查 项,符合要求。		
	基本项目	检查 项,其中优良 项,优良率 %		
	允许偏差项目	实测 项,其中合格 点,合格率 %		
评定等级		工程负责人: 工长: 班组长:	核定等级	质量检查员:

注:每层垂直度偏差大于 15 mm 时,应进行处理。　　　　　　　年　月　日

说　明

020301

一、主控项目:

1. 砖及砂浆强度等级,按设计要求检查和验收;

砖应有进场验收报告,批量及强度满足设计要求为合格;

砂浆有配合比报告,计量配制,按规定留试块,在试块强度未出来之前,先将试块编号填写,出来后核对,并在分项工程中,按检验批强度评定,符合要求为合格。

2. 水平灰缝砂浆饱满度不小于 80%。用百格网检查每检验批不少于 5 处,每处 3 块砖,砖底面砂浆痕迹的面积,取平均值,不小于 80% 为合格。

3. 斜槎留置,按规范留置,水平投影长度不小于高度的 2/3 为合格。

4. 直槎拉结筋及接槎处理。按规定设置,留槎正确,拉结筋数量、直径正确,竖向间距偏差 ±100mm,留置长度基本正确为合格。

5 轴线位置偏移 10mm,经纬仪、尺量及吊线测量,不大于 10mm 为合格。

垂直度每层 5mm,2m 托线板,不超过 5mm 为合格。

二、一般项目:

1. 组砌方法,上下错缝,内外搭砌,砖柱不能用包心砌法。混水墙≤300mm 的通缝,每间房不超过 3 处,且不得在同一墙体上,为合格。清水墙不得有通缝。

注:上下 2 皮砖搭接长度小于 25mm 的为通缝。

2. 水平灰缝厚度 10mm,量 10 皮砖砌体高度折算,按皮数杆 10 皮砖的高度计算。10 皮砖在 8mm、12mm 范围内为合格。

3. 基础顶面、墙面标高:±15mm;用水平仪和尺量检查。

表面平整度混水墙:8mm;用 2m 靠尺和楔形塞尺检查。

门窗洞口高宽度(后塞口):±5mm;用尺检查。

外墙上下窗口偏移:20mm;用经纬仪吊线检查。

水平灰缝平直度:10mm;拉 10m 线和尺栓检查。

各项目 80% 检测点应满足要求,其余 20% 点可超过允许值,但不得超过其值的 150%,即为合格,否则返工处理。

如果验收清水墙,其表面平整度为 5mm;水平灰缝平直度为 7mm;并增加项目清水墙游丁走缝偏差为 20mm。

拓展学习

墙体裂缝

1. 墙身特别是顶层有时出现"八"字形缝(图 2-4),有时出现倒"八"字形缝(图 2-5)。

这两种裂缝中,"八"字形裂缝,一般是由于建筑物两端沉降较大,中部沉降较小的原因所致;倒"八"字形裂缝,一般是由于建筑物的中间沉降较大,而两端沉降较小所致。

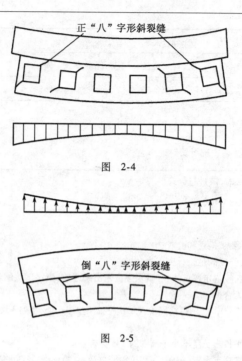

图 2-4

图 2-5

2.顶层墙身的水平缝(图2-6),一般在平顶的檐口或圈梁下2~3皮砖的灰缝中,通常在外墙顶部,两端较严重,有时位于房屋的四角,出现包角缝。四角处缝最大,中间逐渐减小。

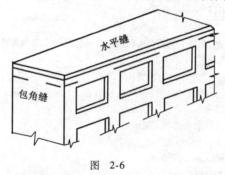

图 2-6

3.发生在窗间墙、窗台墙、内墙或外墙上的斜裂缝(图2-7),大部分裂缝是通过窗口的两对角,在紧靠窗口处缝宽较大,向两边和上下逐渐缩小。产生的主要原因是由于地基不均匀变形,墙身受较大的剪力,造成了砌体受主拉应力的破坏。裂缝往往是由沉降较大的一边逐渐向上发展。

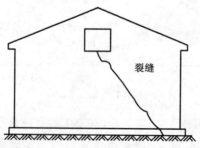

图 2-7

任务二 混凝土结构分部工程质量验收

一、任务描述

施工单位已完成地基基础分部工程的工作,现进入主体工程的施工阶段,施工现场如图2-8所示。主体结构分部工程是房屋建筑工程施工中比较重要的分部工程之一,它由柱或墙、梁、板等构件组成。

现需按照质量检验标准和验收方法对本项工作进行质量检查和验收工作。

图 2-8

二、学习目标

通过本任务的学习,你应当能:

1. 根据项目实际情况,完成钢筋混凝土工程中模板、钢筋、混凝土分项工程质量的验收工作;
2. 针对主控项目和一般项目的验收标准,组织完成钢筋混凝土工程的质量检查或验收,评定或认定该项目的质量;
3. 进行有关隐蔽工程的验收;
4. 正确填写钢筋混凝土工程质量验收记录表和分项工程质量检验评定表;
5. 根据已验收通过的分项工程,组织钢筋混凝土分部工程的质量验收,判定该分部是否合格。

三、任务实施

1. 信息收集

 参考资料

《混凝土结构工程施工质量验收规范》(GB 50204—2002)
《普通混凝土配合比设计规程》(JGJ 55—2000)
《建筑工程施工质量验收统一标准》(GB 50300—2001)

《建筑施工模板安全技术规范》(JGJ 162—2008)
《钢筋混凝土用热轧光圆钢筋》(GB 1499.1—2007)
《普通混凝土用砂质量标准及检验方法》(JGJ 52—1992)
《通用硅酸盐水泥》(GB 175—2007)

引导问题 1:模板分项工程有哪些质量要求?
(1)模板支撑体系检查内容有哪些?

🔑**提示**

模板分项工程是混凝土浇筑成型用的模板及其支架的设计、安装、拆除等一系列技术工作和完成实体的总称。

---

(2)模板安装的基本要求有哪些?

(3)模板拆除的顺序是什么?

⚠ 模板及支架拆除注意事项:
第一:模板拆除时,不能硬砸猛撬,模板坠落应采取缓冲措施,不应对楼层形成冲击荷载;
第二:拆除下来的模板和支架不宜过于集中堆放,宜分散堆放,并应及时清运,以免在楼层上积压,形成过大荷载。

(4)填写表2-7。

底模拆除时的混凝土强度要求　　　　　　　表2-7

构件类型	构件跨度(m)	达到设计的混凝土立方体抗压强度标准值的百分率(%)
板	≤2	
	>8	≥75
梁、拱、壳	≤8	
	>8	≥100
悬臂构件	—	

(5)模板在混凝土浇捣过程中出现模板鼓出、偏移、爆裂,分析出现胀模现象的原因和预防措施?

_____
_____
_____
_____

引导问题2:钢筋分项工程有哪些质量要求?

(1)对进场的钢筋原材料的检查验收内容是什么?

_____
_____
_____
_____

提示

钢筋分项工程是指普通钢筋进场验收、钢筋加工、钢筋连接、钢筋安装等一系列技术工作和完成实体的总称。

(2)钢筋加工的质量检查内容有哪些?

_____
_____
_____

(3)钢筋连接的质量检查内容有哪些?

_____
_____
_____
_____

(4)钢筋安装时的质量检查内容有哪些?

(5)拆模后漏筋的原因是什么？如何防治？

> ⚠ 钢筋绑扎、安装的注意事项：
> 第一：绑扎、安装钢筋骨架前应检查模板、支柱以及脚手架的牢固程度；
> 第二：绑扎大梁时,应先立起一面侧模再绑扎钢筋。防止梁骨架倾覆；
> 第三：要注意在安装钢筋时,不要碰撞电线,避免发生触电事故；
> 第四：应尽量避免在高空修整、扳弯粗钢筋。

引导问题 3：混凝土分项工程有哪些质量要求？

(1)混凝土浇筑前对模板钢筋应作哪些检查？

> 🔑 提示
> 混凝土分项工程是指从原材料(包括外加剂、矿物掺和料)进场检验、混凝土配合比设计及称量、拌制、运输、浇筑养护、试件制作直至混凝土达到预定强度等一系列技术工作和完成实体的总称。

(2)选择题：

①浇筑混凝土高度过大时,混凝土会发生(　　)现象。
　A.分层　　　B.离析　　　C.凝结　　　D.硬化

②施工缝的位置应在混凝土浇筑之前确定,梁、板应留(　　)。
　A.平面缝　　B.立面缝　　C.水平缝　　D.垂直缝

③竖向结构(墙、柱等)浇筑混凝土前,底部应先填(　　)mm 厚与混凝土内砂浆成分相同的水泥砂浆。

A.40~80   B.40~100   C.50~80   D.50~100

④在一般情况下,梁和板的混凝土应(   )浇筑。

A.依次   B.隔3天   C.同时   D.隔7天

⑤为了使混凝土能够振捣密实,浇筑时应分层浇筑、振捣,并在下层混凝土(   )之前,将上层混凝土浇筑并振捣完毕。

A.初凝   B.水化   C.硬化   D.终凝

⑥浇筑混凝土时为避免发生离析现象,混凝土自高处倾落的自由高度(称自由下落高度)不应超过(   )m。

A.2   B.3   C.4   D.5

(3)混凝土振捣的方法有哪些?

(4)混凝土振捣棒的振捣要点有哪些?

(5)混凝土表面出现蜂窝的原因有哪些?如何处理?

(6)在混凝土强度未达到_____N/mm² 以前,不得踩踏或安装模板、支架。

(7)混凝土应在浇筑完毕的_____h 内进行覆盖和浇水(当气温低于5℃时不得浇水)。

小知识

混凝土振捣器

用混凝土拌合机拌和好的混凝土浇筑构件时,必须排除其中气泡,进行捣固,使混凝土密实结合,消除混凝土的蜂窝麻面等现象,以提高其强度,保证混凝土构件的质量。混凝土振捣器就是机械化捣实混凝土的机具。

混凝土振捣器的种类较多:按传递振动的方法分,有内部振捣器、外部振捣器和表面振捣器三种。

内部振捣器又称插入式振捣器(图2-9)。工作时振动头插入混凝土内部,将其振动波直接传给混凝土。

这种振捣器多用于振压厚度较大的混凝土层,如桥墩、桥台基础以及基桩等。它的优点是重量轻,移动方便,使用很广泛。

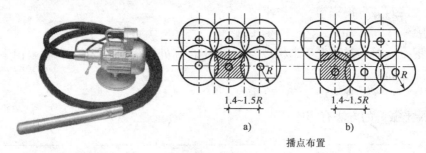

插点布置

图 2-9 插入式振捣器
a)行列式;b)交错式

外部振捣器又称附着式振捣器(图2-10),是一台具有振动作用的电动机,在该机的底面安装了特制的底板,工作时底板附着在模板上,振捣器产生的振动波通过底板与模板间接地传给混凝土。

这种振捣器多用于薄壳构件、空心板梁、拱肋、T形梁等地施工。

图 2-10

表面振捣器是将它直接放在混凝土表面上,振捣器产生地振动波通过与之固定的振捣底板传给混凝土。由于振动波是从混凝土表面传入,故称表面振捣器。工作时由两人握住振捣器的手柄,根据工作需要进行拖移。它适用于厚度不大的混凝土路面和桥面等工程的施工。

2. 任务准备

(1)模板工程质量检验评定标准和检验方法(表2-8、表2-9)。

现浇结构模板安装的允许偏差及检验方法   表2-8

项 目		允许偏差(mm)	检验方法
轴线位置		5	钢尺检查
底模上表面标高		±5	水准仪或拉线、钢尺检查
截面内部尺寸	基础	±10	钢尺检查
	柱、墙、梁	+4,-5	钢尺检查
层高垂直度	不大于5m	6	经纬仪或吊线、钢尺检查
	大于5m	8	经纬仪或吊线、钢尺检查
相邻两板表面高低差		2	钢尺检查
表面平整度		5	2m靠尺和塞尺检查

预制构件模板安装的允许偏差及检验方法　　　　表2-9

项　目		允许偏差(mm)	检验方法
长度	板、梁	±5	钢尺量两角边,取其中较大值
	薄腹梁、桁架	±10	
	柱	0,-10	
	墙、板	0,-5	
宽度	板、墙板	0,-5	钢尺量一端及中部,取其中较大值
	梁、薄腹梁、桁架、柱	+2,-5	
高(厚)度	板	+2,-3	钢尺量一端及中部,取其中较大值
	墙、板	0,-5	
	梁、薄腹梁、桁架、柱	+2,-5	
侧向弯曲	梁、板、柱	1/1000且≤15	拉线、钢尺量最大弯曲处
	墙板、薄腹梁、桁架	1/1500且≤15	
板的表面平整度		3	2m靠尺和塞尺检查
相邻两板表面高低差		1	钢尺检查
对角线差	板	7	钢尺量两个对角线
	墙、板	5	
翘曲	板、墙板	1/1500	调平尺在两端量测
设计起拱	薄腹梁、桁架、梁	±3	拉线、钢尺量跨中

(2)钢筋工程质量检验评定标准和检验方法(表2-10、表2-11)。

钢筋加工质量检验标准和检查方法　　　　表2-10

项目	序号	检验项目	质量检验标准	检查方法
主控项目	1	钢筋原材料进场	应按现行国家标准《钢筋混凝土用热轧带肋钢筋》(GB 1499.1—2007)等的规定抽取试件作力学性能检验,其质量必须符合有关标准的规定	检查产品合格证、出厂检验报告和进场复验报告
	2	对有抗震设防要求的框架结构,其纵向受力钢筋的强度	应满足设计要求;当设计无具体要求时,对一、二级抗震等级,检验所得的强度实测值应符合下列规定:①钢筋的抗拉强度实测值与屈服强度实测值的比值不应小于1.25;②钢筋的屈服强度实测值与强度标准值的比值不应大于1.3	检查进场复验报告
	3	有异常的钢筋	当发现钢筋脆断、焊接性能不良或力学性能显著不正常等现象时,应对该批钢筋进行化学成分检验或其他专项检验	检查化学成分等专项检验报告
	4	受力钢筋的弯钩和弯折	①HPB235级钢筋末端应作180°弯钩,其弯弧内直径不应小于钢筋直径的2.5倍,弯钩的弯后平直部分长度不应小于钢筋直径的3倍;②当设计要求钢筋末端需作135°弯钩时,HRB335级、HRB400级钢筋的弯弧内直径不应小于钢筋直径的4倍,弯钩的弯后平直部分长度应符合设计要求;③钢筋作不大于90°的弯折时,弯折处的弯弧内直径不应小于钢筋直径的5倍	钢尺检查
	5	箍筋的加工	除焊接封闭环式箍筋外,箍筋的末端应作弯钩,弯钩形式应符合设计要求;当设计无具体要求时,应符合下列规定:①箍筋弯钩的弯弧内直径除应满足第1项规定外,尚应不小于受力钢筋直径;②箍筋弯钩的弯折角度:对一般结构,不应小90°;对有抗震等要求的结构,应为135°;③箍筋弯后平直部分长度:对一般结构,不宜小于箍筋直径的5倍;对有抗震等要求的结构,不应小于箍筋直径的10倍	钢尺检查

续上表

项目	序号	检验项目	质量检验标准		检查方法
一般项目	1	钢筋调直	采用机械方法,也可采用冷拉方法。当采用冷拉方法调直钢筋时,HPB235级钢筋的冷拉率不宜大于4%,HRB335级、HRB400级和RRB400级钢筋的冷拉率不宜大于1%		观察,钢尺检查
	2	钢筋外观	钢筋应平直、无损伤,表面不得有裂纹、油污颗粒状或片状老锈		观察检查
	3	钢筋加工的形状、尺寸允许偏差(mm)	受力钢筋顺长度方向全长的净尺寸	±10	钢尺检查
			弯起钢筋的弯折位置	±20	
			箍筋内净尺寸	±5	

钢筋安装质量检验标准和检查方法　　　　表2-11

检控项目	序号	检验项目			质量验收规范的规定	
主控项目	1	受力钢筋的品种、级别规格与数量			钢筋安装时,受力钢筋的品种、级别、规格和数量必须符合设计要求	
一般项目		检查项目			允许偏差(mm)	检查方法
	1	绑扎钢筋网	长、宽		±10	钢尺检查
			网眼尺寸		±20	钢尺量连续三档,取最大值
	2	绑扎钢筋骨架	长		±20	钢尺检查
			宽、高		±5	钢尺检查
	3	受力钢筋	间距		±10	钢尺量两端、中间各一点、取最大值
			排距		±5	
			保护层厚度	基础	±10	钢尺检查
				柱、梁	±5	钢尺检查
				板、墙、壳	±3	钢尺检查
	4	绑扎钢筋、横向钢筋间距			±20	钢尺量连续三档,取最大值
	5	钢筋起点的位置			20	钢尺检查
	6	预埋件	中心线		5	钢尺检查
			水平高差		-3.0	钢尺和塞尺检查
	注:1.检查预埋件中心位置时,应沿纵、横两个方向测量,并取其中的较大值;2.表中梁、板类构件上部纵向受力钢筋保护层厚度的合格点率应达到90%及以上,且不得超过表中说之的1.5倍额尺寸偏差					

(3)混凝土工程质量检验评定标准和检验方法(表2-12、表2-13)。

混凝土施工工程质量检验标准及检查方法　　　　表2-12

项目	序号	检验项目		质量标准及要求	检查方法
主控项目	1	结构混凝土强度等级		符合设计要求	检查施工记录及试件强度试验报告
	2	混凝土抗渗等级		符合设计要求	检查试件抗渗试验报告
	3	原材料每盘称量允许偏差	水泥、掺和料	±2%	①各种衡器应定期校验,每次使用前应进行零点校核,保持计量准确;②当遇雨天或含水率有显著变化时,应增加含水率检测次数,并及时调整水和骨料的用量	复称
			粗、细骨料	±3%		
			水、外加剂	±2%		
	4	混凝土运输、浇筑及间歇时间		不应超过混凝土的初凝时间;同一施工段的混凝土应连续浇筑,并应在底层混凝土初凝之前将上一层混凝土浇筑完毕,否则应按施工技术方案中对施工技术方案中施工缝的要求进行处理	观察、检查施工记录

续上表

项目	序号	检验项目	质量标准及要求	检查方法
一般项目	1	施工缝	位置应按设计要求和施工技术方案确定处理应按施工技术方案执行	观察、检查施工记录
	2	后浇带	位置应按设计要求和施工技术方案确定处理应按施工技术方案执行	观察、检查施工记录
	3	混凝土养护措施	①应在浇筑完毕后的12h以内对混凝土加以覆盖并保湿养护；②混凝土浇水养护的时间：对采用硅酸盐水泥、普通硅酸盐水泥或矿渣硅酸盐水泥拌制的混凝土，不得少于7d；对掺缓凝型外加剂或有抗渗要求的混凝土，不得少于14d；③浇水次数应能保持混凝土处于湿润状态；④混凝土养护用水应与拌制用水相同；⑤采用塑料布覆盖养护的混凝土，其敞露的全部表面应覆盖严密，并应保持塑料面布内有凝结水；⑥混凝土强度达到1.2N/mm² 前，不得在其上踩踏或安装模板及支架	观察、检查施工记录

现浇结构尺寸偏差和检验方法   表2-13

项　　目			允许偏差(mm)	检验方法
轴线位置	基础		15	钢尺检查
	独立基础		10	
	墙、柱、梁		8	
	剪力墙		5	
垂直度	层高	≤5m	8	经纬仪或吊线、钢尺检查
		>5m	10	经纬仪或吊线、钢尺检查
	全高(H)		H/1000且≤30	经纬仪、钢尺检查
标高	层高		±10	水准仪或拉线、钢尺检查
	全高		±30	
截面尺寸			+8,-5	钢尺检查
电梯井	井筒长、宽对定位中心线		+25	钢尺检查
	井筒全高(H)垂直度		H/1000且≤30	经纬仪、钢尺检查
表面平整度			8	2m靠尺和塞尺检查
预埋设施中心线位置	预埋件		10	钢尺检查
	预埋螺栓		5	
	预埋管		5	
预留洞中心线位置			15	钢尺检查

小学问

混凝土泵(concrete pump)

利用压力将混凝土沿管道连续输送的机械即为混凝土泵。它由泵体和输送管组成。混凝土泵按结构形式分为活塞式、挤压式、水压隔膜式。泵体装在汽车底盘上，再装备可伸缩或屈折的布料杆，就组成泵车。目前有：遥控臂式泵车和托泵车两种。

(4)混凝土现浇结构外观质量缺陷。
①用连线将下列名称与对应的现象连接起来。
②仔细观察图 2-11,将现浇结构外观质量缺陷的名称填入到相应的括号中。

名称	现象
蜂窝	混凝土中局部不密实
夹渣	混凝土表面缺少水泥砂浆面形成石子外露
孔洞	构件内钢筋未被混凝土包裹而外露
漏筋	缝隙从混凝土表面延伸至混凝土内部
疏松	混凝土中夹有杂物且深度超过保护层厚度
裂缝	混凝土中孔穴深度和长度均超过保护层厚度

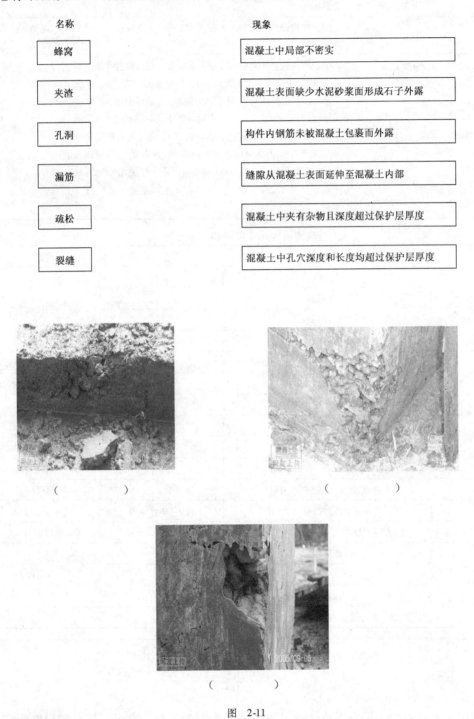

图 2-11

3. 任务实施

根据检测结果填写模板、钢筋、混凝土分项工程验收记录表,见表 2-14 ~ 表 2-17。

模板分项工程质量验收记录表 表2-14

工程名称		结构类型		部 位	
施工单位		项目经理		项目技术负责人	
分包单位		分包单位负责人		分包项目经理	

保证项目	项目		质量情况
	1	模板及其支架必须具有足够的强度、刚度和稳定性;能可靠地承受新浇注混凝土的自重和侧压力,及施工中产生的荷载;保证结构和构件外形尺寸及相互位置的正确	
	2	临空墙、门框墙的模板安装,其固定模板的对拉螺栓上严禁采用套管、混凝土预制件等	

基本项目	项目		质量情况										等级
			1	2	3	4	5	6	7	8	9	10	
	1	接缝宽度											
	2	接触面清理隔离措施	墙、板(拱)											
			梁、柱											

允许偏差项目	项目		允许偏差(mm)	实测偏差值(mm)									
				1	2	3	4	5	6	7	8	9	10
	1	轴线位移	5										
	2	标高	±5										
	3	截面尺寸	±5										
	4	垂直度	3										
	5	相邻两板表面高低差	2										
	6	表面平整度	5										
	7	预埋管、预留孔中心线位移	3										
	8	预埋螺栓	中心线位移	2										
			外露长度	+10 −0										
	9	预留洞	中心线位移	10										
			截面内部尺寸	+10 −0										

检查结果	保证项目	
	基本项目	检查 项,其中优良 项,优良率 %
	允许偏差项目	实测 点,其中合格 点,合格率 %

检查结论	专业技术负责人 年 月 日	验收结论	监理工程师 年 月 日

43

钢筋绑扎分项工程质量验收记录表

表 2-15

工程名称			结构类型		部 位	
施工单位			项目经理		项目技术负责人	
分包单位			分包单位负责人		分包项目经理	

		项目	质量情况
保证项目	1	钢筋的品种和质量必须符合设计要求和有关标准的规定	
	2	钢筋的表面必须清洁。带有颗粒状或片状老锈,经除锈后仍留有麻点的钢筋严禁按原规格使用	
	3	钢筋的规格、形状、尺寸、数量、间距、锚固长度、接头设置必须符合设计要求和施工规范的规定	

		项目	质量情况										等级
			1	2	3	4	5	6	7	8	9	10	
基本项目	1	钢筋网片、骨架绑扎											
	2	钢筋弯钩朝向、绑扎接头、搭接长度											
	3	箍筋数量、弯钩角度和平直长度											

		项目		允许偏差(mm)	实测偏差值(mm)									
					1	2	3	4	5	6	7	8	9	10
允许偏差项目	1	网的长度、宽度		±10										
	2	网眼尺寸		±20										
	3	骨架的宽度、高度		±5										
	4	骨架的长度		±10										
	5	受力钢筋	间距	±10										
			排距	±5										
	6	箍筋、构造筋间距		±20										
	7	钢筋弯起点位移		20										
	8	焊接预埋件	中心线位移	5										
			水平高差	±3 −0										
	9	受力钢筋保护层	梁、柱	±5										
			墙、板(拱)	±3										

检查结果	保证项目	
	基本项目	检查 项,其中优良 项,优良率 %
	允许偏差项目	实测 点,其中合格 点,合格率 %

检查结论	专业技术负责人	验收结论	监理工程师
	年 月 日		年 月 日

钢筋焊接分项工程质量验收记录表 表 2-16

工程名称			结构类型			部 位	
施工单位			项目经理			项目技术负责人	
分包单位			分包单位负责人			分包项目经理	

保证项目		项目	质量情况
	1	钢筋的品种、质量、焊条、焊剂的牌号、性能、钢板、型钢质量必须符合有关标准规定	
	2	钢筋焊接接头、焊接制品的机械性能必须符合焊接规定	

基本项目		项目	质量情况										等级
			1	2	3	4	5	6	7	8	9	10	
	1	钢筋网和骨架焊接											
	2	钢筋焊接接头 电焊焊点											
		对焊接头											
		电弧焊接头											
		电渣压力焊接头											
		埋弧压力焊接头											

允许偏差项目		项目	允许偏差（mm）	实测偏差值(mm)									
				1	2	3	4	5	6	7	8	9	10
	1	网的长度、宽度	±10										
	2	网眼尺寸	±20										
	3	骨架的宽度、高度	±5										
	4	骨架的长度	±10										
	5	受力钢筋 间距	±10										
		排距	±5										
	6	箍筋、构造筋间距	±20										
	7	钢筋弯起点位移	20										
	8	焊接预埋件 中心线位移	5										
		水平高差	±3 −0										
	9	受力钢筋保护层 梁、柱	±5										
		墙、板(拱)	±3										

检查结果	保证项目			
	基本项目	检查　项,其中优良　项,优良率　%		
	允许偏差项目	实测　点,其中合格　点,合格率　%		

检查结论	专业技术负责人　　　　　　　　　年 月 日	验收结论	监理工程师　　　　　　　　　年 月 日

45

混凝土分项工程质量验收记录表　　　　表2-17

工程名称				结构类型				部位				
施工单位				项目经理				项目技术负责人				
分包单位				分包单位负责人				分包项目经理				

		项目	质量情况
保证项目	1	混凝土所用的水泥、水、骨料、外加剂等必须符合施工规范和有关标准的规定	
	2	混凝土的配合比、原材料计量、搅拌、养护和施工缝处理必须符合施工规范的规定	
	3	评定混凝土强度的试块,必须按《混凝土强度检验评定标准》(GBJ 107—87)的规定取样、制作、养护和试验,其强度必须符合本标准第4.10.3条规定(略)	
	4	设计部允许有裂缝的结构,严禁出现裂缝;允许出现裂缝的结构,其裂缝宽度必须符合设计要求	

		项目	质量情况										等级
			1	2	3	4	5	6	7	8	9	10	
基本项目	1	蜂窝											
	2	孔洞											
	3	主筋露筋											
	4	缝隙夹渣层											

		项目		允许偏差(mm)	实测偏差值(mm)									
					1	2	3	4	5	6	7	8	9	10
允许偏差项目	1	轴线位移		10										
	2	标高	层高	±10										
			全高	±30										
	3	截面尺寸	梁、柱	±5										
			墙、板(拱)	+8 −5										
	4	柱、墙垂直度		5										
	5	表面平整度		8										
	6	预埋管、预留孔中心线位置偏移		5										
	7	预埋螺栓中心线位置偏移		5										
	8	预留洞中心线位置偏移		15										
	9	电梯井	井筒长、宽对中心线	±5 −0										
			井筒全高垂直度	$H/1000$且≯30										

续上表

检查结果	保证项目					
	基本项目	检查	项,其中优良	项,优良率	%	
	允许偏差项目	实测	点,其中合格	点,合格率	%	
检查结论	专业技术负责人			验收结论	监理工程师	
			年 月 日			年 月 日

注:1. H 为柱、墙全高。
　　2. 蜂窝、空洞、露筋、缝隙夹渣层等缺陷,在装饰前应按施工规范规定进行修理。

四、任务评价

1. 小组评价

根据小组完成任务情况给出评分,见表2-18。

任务评价表　　　　　　　　　　　　　　表2-18

考核项目	考核标准	分值	学生自评	小组互评	教师评价	小计
团队合作	和谐	10				
活动参与	积极	10				
信息收集情况	资料正确、完整	10				
工作过程顺序安排	合理规范	20				
仪器、设备操作	正确、规范	20				
质量验收记录填写	完整、正确、规范	15				
劳动纪律	严格遵守	15				
总　　计		100				
教师签字:				年 月 日	得分	

注:未按照施工安全要求进行操作,出现人身伤害或仪器设备损坏的,本任务考核分记为0分。

2. 自我总结

(1)在完成任务过程中,遇到了哪些问题?

(2)是如何解决问题的?

(3)你认为还需加强哪方面的指导(可以从实际工作过程及理论知识考虑)?

_____
_____
_____
_____
_____
_____
_____

拓展学习

混凝土结构工程的加固技术

混凝土结构的加固分为直接加固与间接加固两类,设计时可根据实际条件和使用要求选择适宜的方法和配套的技术。

直接加固的一般方法有以下几种。

1. 加大截面加固法

该法施工工艺简单、适应性强,并具有成熟的设计和施工经验;适用于梁、板、柱、墙和一般构造物的混凝土的加固;但现场施工的湿作业时间长,对生产和生活有一定的影响,且加固后的建筑物净空有一定的减小。

2. 置换混凝土加固法

该法的优点与加大截面法相近,且加固后不影响建筑物的净空,但同样存在施工的湿作业时间长的缺点;适用于受压区混凝土强度偏低或有严重缺陷的梁、柱等混凝土承重构件的加固。

3. 有黏结外包型钢加固法

该法也称湿式外包钢加固法,受力可靠、施工简便、现场工作量较小,但用钢量较大,且不宜在无防护的情况下用于600℃以上高温场所;适用于使用上不允许显著增大原构件截面尺寸,但又要求大幅度提高其承载能力的混凝土结构加固。

4. 粘贴钢板加固法

该法施工快速、现场无湿作业或仅有抹灰等少量湿作业,对生产和生活影响小,且加固后对原结构外观和原有净空无显著影响,但加固效果在很大程度上取决于胶粘工艺与操作水平;适用于承受静力作用且处于正常湿度环境中的受弯或受拉构件的加固。

5. 粘贴纤维增强塑料加固法

除具有粘贴钢板相似的优点外,还具有耐腐蚀、耐潮湿、几乎不增加结构自重、耐用、维护费用较低等优点,但需要专门的防火处理,适用于各种受力性质的混凝土结构构件和一般构筑物。

6. 锚栓锚固法

该法适用于混凝土强度等级为C20～C60的混凝土承重结构的改造、加固;不适用于已严重风化的上述结构及轻质结构。

间接加固的一般方法有以下几种。

1. 预应力加固法

该法能降低被加固构件的应力水平,不仅使加固效果好,而且还能较大幅度地提高结构整体承载力,但加固后对原结构外观有一定影响;适用于大跨度或重型结构的加固以及处于高应力、高应变状态下的混凝土构件的加固,但在无防护的情况下,不能用于温度在600℃以上环境中,也不宜用于混凝土收缩徐变大的结构。

2. 增加支承加固法

该法简单可靠,但易损害建筑物的原貌和使用功能,并可能减小使用空间;适用于具体条件许可的混凝土结构加固。

与混凝土结构加固改造配套使用的技术一般有以下几种。

1. 托换技术

托换技术系托梁(或桁架,以下同)拆柱(或墙,以下同)、托梁接柱和托梁换柱等技术的概称,属于一种综合性技术,由相关结构加固、上部结构顶升与复位以及废弃构件拆除等技术组成,适用于已有建筑物的加固改造。与传统做法相比,具有施工时间短、费用低、对生活和生产影响小等优点,但对技术要求较高,须由熟练工人来完成,才能确保安全。

2. 植筋技术

植筋技术系一项对混凝土结构较简捷、有效的连接与锚固技术,可植入普通钢筋,也可植入螺栓式锚筋,已广泛应用于已有建筑物的加固改造工程,如:施工中漏埋钢筋或钢筋偏离设计位置的补救,构件加大截面加固的补筋,上部结构扩跨、顶升对梁、柱的接长,房屋加层接柱和高层建筑增设剪力墙的植筋等。

3. 裂缝修补技术

根据混凝土裂缝的起因、性状和大小,采用不同封护方法进行修补,使结构因开裂而降低的使用功能和耐久性得以恢复的一种专门技术,适用于已有建筑物中各类裂缝的处理,但对受力性裂缝,除修补外,尚应采用相应的加固措施。

任务三 钢结构分部工程质量验收

一、任务描述

施工单位已完成地基基础分部工程的工作,现进入主体工程的施工阶段。本项目主体工程采用钢结构,施工现场如图2-12所示。主体结构分部工程是房屋建筑工程施工中比较重要的分部工程之一,它由柱或墙、梁、板等构件组成。

现需按照质量检验标准和验收方法对本项工作进行质量检查和验收工作。

图 2-12

二、学习目标

通过本任务的学习,你应当能:

1. 根据项目实际情况,完成钢结构工程质量的验收工作;
2. 针对主控项目和一般项目的验收标准,组织完成钢结构工程的质量检查或验收,评定或认定该项目的质量;
3. 正确填写钢结构工程质量验收记录表。

三、任务实施

1. 信息收集

 **参考资料**

《钢结构工程施工质量验收规范》(GB 50205—2001)
《建筑工程施工质量验收统一标准》(GB 50300—2001)
《钢结构设计规范》(GB 50017—2003)
《钢结构防火涂料》(GB 14907—2002)
《建筑钢结构焊接技术规程》(JGJ 81—2002)

(1)钢结构原材料及成品应进行进场验收,凡涉及安全、功能的原材料及成品应按钢结构规范的规定进行_____,并应经_____见证取样、送样。

(2)钢材出现哪些情况时需要进行抽样复验?

_____
_____
_____
_____
_____

(3)当钢材的表面有锈蚀、麻点或划痕等缺陷时,其深度不得大于该钢材厚度允许偏差值的_____。

(4)请将下列名称填写到对应的括号中。

　　　焊瘤　　　烧穿　　　弧坑　　　气孔　　　夹渣　　　咬边

①非金属固体物质残留于焊缝金属中的现象称为(　　　);

②弧焊时,由于断弧或收弧不当,在焊道末端形成的低凹部分为(　　　);

③焊接过程中,熔化金属流淌到焊缝之外未熔化的母材上所形成的金属瘤称为(　　　);

④由于焊接参数选择不当,或操作方法不正确,沿焊趾的母材部位产生的沟槽或凹陷称为(　　　)。

(5)螺栓连接工艺给钢结构带来的缺陷主要有哪些?

_____
_____
_____
_____
_____

(6)钢结构连接的螺栓可分为_____和_____。

(7)抗剪普通螺栓的破坏形式有_____、_____、_____和_____。

(8)钢结构的失稳分为丧失局部稳定性和_____两种。

(9)当钢结构工程施工质量不符合规范要求时,应如何处理?

_____
_____
_____
_____
_____

(10)钢结构涂装工程质量验收包括钢结构的防腐涂料涂装和_____。

(11)钢结构容易发生锈蚀的部位有哪些?

_____
_____
_____
_____
_____

2.任务准备

(1)钢结构加工制作工艺流程:

钢材和型钢的鉴定试验—钢材的矫正—钢材表面清洗和除锈—放样和划线—构件切割—孔的加工—构件的冷热弯曲加工。

(2)钢结构的事故按破坏形式大致可分为:

①钢结构承载力和刚度失效;

②钢结构失稳;

③钢结构疲劳;

④钢结构的脆性断裂和钢结构的腐蚀。

(3)钢结构质量检验标准(表2-19)

钢结构焊接施工工程质量检验标准及检查方法 表2-19

项目	序号	检验项目	质量标准及要求	检查方法
主控项目	1	焊接材料	①焊条、焊丝、焊剂、电渣焊熔嘴等焊接材料与母材的匹配应符合设计要求及国家现行行业标准《建筑钢结构焊接技术规程》JGJ 81的规定;②焊条、焊剂、药芯焊丝、熔嘴等在使用前,应按其产品说明书及焊接工艺文件的规定进行烘焙和存放	检查质量证明书和烘焙记录
	2	焊工要求	①焊工必须经考试合格并取得合格证书;②持证焊工必须在其考试合格项目及其认可范围内施焊	检查焊工合格证及其认可范围、有效期
	3	焊接工艺	施工单位对其首次采用的钢材、焊接材料、焊接方法、焊后热处理等,应进行焊接工艺评定,并应根据评定报告确定焊接工艺	检查焊接工艺评定报告
	4	焊缝表面	①焊缝表面不得有裂纹、焊瘤等缺陷;②一级、二级焊缝不得有表面气孔、夹渣、弧坑裂纹、电弧擦伤等缺陷,且一级焊缝不得有咬边、未焊满、根部收缩等缺陷	观察检查或使用放大镜、焊缝量规和钢尺检查,当存在疑义时,采用渗透或磁粉探伤检查
	5	焊缝检验方法	设计要求全焊透的一、二级焊缝应采用超声波探伤进行内部缺陷的检验,超声波探伤不能对缺陷作出判断时,应采用射线探伤,其内部缺陷分级及探伤方法应符合现行国家标准《钢焊缝手工超声波探伤方法和探伤结果分级法》GB 11345或《钢熔化焊对接接头射线照相和质量分级》GB 3323的规定	检查超声波或射线探伤记录
一般项目	1	焊缝处理	①对于需要进行焊前预热或焊后热处理的焊缝,其预热温度或后热温度应符合国家现行有关标准的规定或通过工艺试验确定;②预热区在焊道两侧,每侧宽度应大于焊件厚度的1.5倍以上,且不应小于100mm;后热处理应在焊后立即进行,保温时间应根据板厚按每25mm板厚1h确定	检查预、后热施工记录和工艺试验报告
	2	角焊缝	①焊成凹形的角焊缝,焊缝金属与母材间平缓过渡;②加工成凹形的角焊缝,不得在其表面留下切痕	观察检查
	3	焊缝感观	焊缝感观应达到:外形均匀、成型较好、焊道与焊道、焊道与基本金属间过渡较平滑,焊渣和飞溅物基本清除干净	观察检查

3. 任务实施

根据工程实际,按照验收标准规范填写表2-20。

钢结构焊接分项工程质量验收记录表 表2-20

工程名称		结构类型		部 位	
施工单位		项目经理		项目技术负责人	
分包单位		分包单位负责人		分包项目经理	

		项目	质量情况
保证项目	1	焊条、焊剂、焊丝和施焊用的保护气体等必须符合设计要求和钢结构焊接的专门规定	
	2	钢材的品种、型号、规格和质量必须符合设计要求和钢结构焊接的专门规定	
	3	焊缝表面严禁有裂纹、夹渣、焊瘤、烧穿、弧坑、针状气孔和熔合性飞溅等缺陷。气孔、咬边必须符合施工规范规定	

	项目	质量情况										等级
		1	2	3	4	5	6	7	8	9	10	
基本项目	1 焊缝外观											

		项目		允许偏差(mm)	实测偏差值(mm)									
					1	2	3	4	5	6	7	8	9	10
允许偏差项目	1	对焊焊缝	焊缝余高 (mm)	$b \leq 20$ 一级	0.5~2.0										
				二级	0.5~2.5										
				三级	0.5~3.0										
				$b > 20$ 一级	0.5~3.0										
				二级	0.5~3.5										
				三级	0.5~4.0										
			焊缝错边	一级	$<0.1\delta$ 且 $\not> 2$										
				二级	$<0.1\delta$ 且 $\not> 2$										
				三级	$<0.1\delta$ 且 $\not> 3$										
	2	贴角焊缝	焊缝余高 (mm)	$k \leq 6$	0~+1.5										
				$k > 6$	0~+3.0										
			焊角宽 (mm)	$k \leq 6$	0~+1.5										
				$k > 6$	0~+3.0										
	3	T形接头要求焊透的K形焊缝(mm)		$k = \delta/2$	0~+1.5										

检查结果	保证项目	
	基本项目	检查 项,其中优良 项,优良率 %
	允许偏差项目	实测 点,其中合格 点,合格率 %

检查结论	专业技术负责人 年 月 日	验收结论	监理工程师 年 月 日

注:b 为焊缝宽度;k 为焊角尺寸;δ 为母材厚度。

四、任务评价

1. 小组评价

根据小组任务完成情况给出评分,见表2-21。

任务评价表　　　　　　　　表2-21

考核项目	考核标准	分值	学生自评	小组互评	教师评价	小计
团队合作	和谐	10				
活动参与	积极	10				
信息收集情况	资料正确、完整	10				
工作过程顺序安排	合理规范	20				
仪器、设备操作	正确、规范	20				
质量验收记录填写	完整、正确、规范	15				
劳动纪律	严格遵守	15				
总　　计		100				
教师签字:			年　月　日		得分	

注:未按照施工安全要求进行操作,出现人身伤害或仪器设备损坏的,本任务考核分记为0分。

2. 自我总结

(1)在完成任务过程中,遇到了哪些问题?

_____
_____
_____
_____

(2)是如何解决问题的?

_____
_____
_____
_____

(3)你认为还需加强哪方面的指导(可以从实际工作过程及理论知识考虑)?

_____
_____
_____
_____

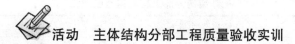 活动　主体结构分部工程质量验收实训

1. 场景要求
已竣工的主体结构质量检验与评定。

2. 检验工具及使用
经纬仪、水准仪、吊线、拉线、钢卷尺及水平尺、塞尺、游标卡尺等。

3. 步骤提示
熟悉阅读设计文件—编写验收方案—按照质量标准进行验收。

4. 填写记录
填写验收记录表（表2-22、表2-23）。

隐蔽工程检查验收记录　　　　　　　　　　　　　　　　　表2-22

工程名称：＿＿＿＿＿＿＿　　建设单位：＿＿＿＿＿＿＿＿＿＿　　图　　号：结施＿＿＿＿＿
隐蔽部位：＿＿＿＿＿＿＿　　施工单位：＿＿＿＿＿＿＿＿＿＿　　隐蔽日期：　年　月　日

隐蔽检查内容：

监理工程师核查意见： 核查人：	试验单、合格证、焊件编号	名称或直径	出厂合格证编号	试验单编号

专业技术负责人：　　　　　质量检查员：　　　　　　　　　　　　　　　　　填表人：

注：本表适用于混凝土、钢筋、砌体埋筋、防水、回填土等隐蔽工程。当用于基坑验槽时，表头填写"验槽"二字。并应增加设计、地质勘察单位参加人签字栏。

主体结构分部工程质量验收记录 　　　　　表 2-23

工程名称		结构类型		层　数	
施工单位		技术部门负责人		质量部门负责人	
分包单位		分包单位负责人		分包技术负责人	
序号	子分部工程名称	检验批数	施工单位检查评定	验收意见	
1	模板分项工程				
2	钢筋分项工程				
3	混凝土施工分项工程				
4	现浇结构外观尺寸偏差				
5	砖砌体分项工程				
6					
7					
质量控制资料					
安全和功能检验(检测)报告					
观感质量验收					

验收单位	分包单位	项目经理：	年　月　日
	施工单位	项目经理：	年　月　日
	设计单位	项目负责人：	年　月　日
	监理(建设)单位	总监理工程师 (建设单位项目专业负责人)：	年　月　日

拓展学习

纽约世贸大楼倒塌原因

1. 背景

2001年9月11日,恐怖分子撞击美国纽约世贸中心双塔楼,随后的爆炸和火灾使大楼倒塌,造成3000余人死亡或失踪,经济损失无法估计(图2-13)。

"9.11"事件留给人们无尽的思考,也给今后超高层钢结构设计带来严峻挑战。总结人类用如此巨大的代价换来的教训与经验,对今后超高层钢结构设计具有重大意义。

2. 大楼倒塌粗略分析

(1)世贸中心工程概况。

1973年建成,由两栋110层的方形塔楼和裙房组成。塔楼地上部分:110层,高417m;平面尺寸:63.5m×63.5m;服务性核心区平面尺寸:42m×26.5m;标准层层高:3.66m;结构体系:钢框筒,四周为密柱深梁型框筒,主要抵抗水平荷载。

①框筒:240根钢柱,柱距为1.02m(9层以上),柱截面为450mm×450mm方钢管,其壁厚沿高度不等;

图 2-13

②大楼(8层以下):三柱合一,柱距3.06m,柱截面放大到686mm×813mm;

③窗裙梁:截面高度1320mm;

④框筒立面开洞率:24%;

⑤内部核心区:47根钢柱组成的框架,用以抵抗竖向荷载;

⑥核心区的一般柱截面:450mm×450mm方钢管;

⑦防火保护:喷涂石棉水泥,厚度为30mm。

(2)撞击损毁推断。

①南楼:撞击点在78~84层,62min后倒塌;

②北楼:撞击点在93~98层,103min后倒塌;

③撞击北楼的波音757飞机:机身宽度3.8m,翼展38.05m,高为13.56m,最大起飞重量1111320N,最大载油量42600L,巡航速度917km/h,最大载客178~239人,实载92人。

④撞击南楼的波音767飞机:机身最大宽度5.03m,翼展47.57m,机高为15.85m,最大起飞重量1560258N,最大载油量51130kg,最大油量航程为9530km,最大巡航速度898km/h,最大载客269人,实际载客65人。

飞机从大楼一个边的中点沿45°角撞入,从相临边中点附近撞出(图2-14)。假设飞机撞入结构外筒后其残骸宽度为8m(机翼易于折断),从平面几何关系可判断:飞机仅撞断了承担竖向荷载的核心框架47根柱中的1~3根,撞击损毁对结构倒塌并无大的影响。

(3) 对世贸大楼的倒塌作如下推断:

①由深梁密柱组成的强大外筒使飞机机翼毁坏,撞击面积大为缩小(由翼展宽47.57m,高为15.85m缩小到直径为5~8m的残骸),从而有效保护了内部的竖向承重框架,结构没有当即倒塌,为成千上万人的逃生赢得了时间。

②爆炸冲击波虽未对竖向承重框架造成实质性破坏,但对柱的防火保护层破坏严重,使其耐火性能显著降低。

③倒塌的直接原因是核心区框架柱防火保护层局部失效,高温作用下钢材强度大幅度降低。

图 2-14

④如果防火保护层没有脱落或脱落面积小于20%,大楼在62min内不会倒塌。

3. 建议

(1) 外筒内框架体系是较好的结构形式。

外筒仍用钢结构为好,并应加强其强度和刚度,以此作为抗冲击的第一道防线。

当遭受撞击时,由深梁密柱组成的外筒以其强大的变形能力和韧性吸收大量的撞击能量。相反,内筒外框架体系使竖向承重结构暴露在外,抗冲击性差,不应采用。

(2) 强化内框架竖向承重体系的耐火性能。

作为主要竖向承重体系的内框架,其耐火性能的优劣是结构在火灾中能否保持稳定的关键。

为提高其耐火性能,具体建议如下:

①采用钢筋混凝土结构;
②采用型钢混凝土结构;
③采用钢管混凝土结构;
④采用耐火钢建造内框架;
⑤采用具有更高黏结强度和抗冲击能力的钢结构涂料。

学习情境三 屋面分部工程质量验收与评定

任务一 柔性防水屋面分部工程质量验收

一、任务描述

施工单位已完成地基基础、主体分部工程的施工任务,现在进入屋面工程的施工阶段,施工现场如图 3-1 所示。屋面防水质量的好坏,不仅影响到人们生活和生产活动的正常进行,也影响到建筑物的使用寿命。因此,建筑防水工程必须综合考虑合理的设计、合适的防水方案、优质的防水材料、优秀的施工队伍、严格的施工操作和仔细的质量检验等因素,才能确保质量。而质量检验又是确保不出现不合格品的关键环节。

现需按照质量检验标准和验收方法对本项工作进行质量检查和验收工作。

图 3-1

二、学习目标

通过本任务的学习,你应当能:
1. 根据项目实际情况,完成屋面卷材防水工程质量的验收工作;
2. 针对主控项目和一般项目的验收标准,组织完成屋面卷材防水工程的质量检查或验收,评定或认定该项目的质量;
3. 正确填写屋面卷材防水工程质量验收记录表。

三、任务实施

1. 信息收集

(1)当找平层的基层采用装配式钢筋混凝土板时,有哪些规定?

_____
_____
_____
_____

(2)平屋面采用结构找坡,其排水坡度_____,采用材料找坡_____;天沟、檐沟纵向找坡_____,沟底水落差_____ mm。

> **参考资料**
>
> 《屋面工程质量验收规范》(GB 50207—2002)
> 《建筑工程施工质量验收统一标准》(GB 50300—2001)
> 《屋面工程技术规范》(GB 50345—2004)
> 《建筑石油沥青》(GB/T 494—1998)
> 《弹性体改性沥青》(JC/T 905—2002)

(3)填写完整表3-1中的空白处。

转角处圆弧半径(单位:mm)　　　　　　　　　　表3-1

卷 材 种 类	圆 弧 半 径
	100~150
高聚物改性沥青防水卷材	
合成高分子防水卷材	

(4)分格缝纵横缝的最大间距为:水泥砂浆或细石混凝土找平层,_____;沥青砂浆找平层,_____。

> **提示**
>
> 渗水:指建筑物某一部位在水压作用下的一定面积范围内被水渗透并扩散,出现水印(湿斑),或处于潮湿状态;
>
> 漏水:指建筑物某一部位在水压作用下的一定面积范围内或局部区域内被较多水量渗入,并从孔、缝中漏出甚至出现冒水、涌水现象。

(5)卷材铺贴方向有何规定?

_____
_____
_____
_____
_____

（6）防水涂膜施工有何规定？

_____
_____
_____
_____

（7）渗漏检查的方法有_____、_____和综合法。

2. 任务准备(表 3-2 ~ 表 3-8)

找平层厚度和技术要求　　　　　　　　　　　　　　　　　　　　　　表 3-2

类　　别	基层种类	厚度(mm)	技术要求
水泥砂浆找平层	整体混凝土	15~20	1:2.5~1:3(水泥:砂)体积比,水泥强度等级不低于32.5级
	整体或板状材料保温层	20~25	
	装配式混凝土板,松散材料保温层	20~30	
细石混凝土找平层	松散材料保温层	30~35	混凝土强度等级不低于C20
沥青砂浆找平层	整体混凝土	15~20	1:8(沥青:砂)质量比
	装配式混凝土板,整体或板状材料保温层	20~25	

屋面找平层质量检验标准和检验方法　　　　　　　　　　　　　　　表 3-3

项目	序号	检验项目	合格质量标准	检验方法	检查数量
主控项目	1	材料质量及配合比	找平层的材料质量及配合比,必须符合设计要求	检查出厂合格证、质量检验报告和计量措施	按屋面面积每100m²抽查1处,每处10m²,且不得少于3处
	2	排水坡度	屋面(含天沟、檐沟)找平层的排水坡度,必须符合设计要求	用水平仪(水平尺)、拉线和尺量检查	
一般项目	1	交接处的转角处细部处理	基层与突出屋面结构的交接处和基层的转角处,均应做成圆弧形,且整齐平顺	观察和尺量检查	
	2	表面质量	水泥砂浆、细石混凝土找平层应平整、压光,不得有酥松、起砂、起皮现象;沥青砂浆找平层不得有拌和不匀、蜂窝现象	观察和尺量检查	
	3	分格缝位置和间距	找平层分格缝的位置和间距应符合设计要求	观察和尺量检查	
	4	表面平整度允许偏差	找平层表面平整度的允许偏差为5mm	用2m靠尺和楔形塞尺检查	

屋面保温层质量检验标准和检验方法　　　　　表 3-4

项目	序号	检验项目	合格质量标准	检验方法	检查数量
主控项目	1	材料	保温材料的堆积密度或表观密度、导热系数以及板材的强度、吸水率,必须符合设计要求	检查出厂合格证、质量检验报告和现场抽样复验报告	按屋面面积每 $100m^2$ 抽查 1 处,每处 $10m^2$,且不得少于 3 处
主控项目	2	保温层含水率	保温层的含水率必须符合设计要求	检查现场抽样检验报告	按屋面面积每 $100m^2$ 抽查 1 处,每处 $10m^2$,且不得少于 3 处
一般项目	1	保温层铺设	保温层的铺设应符合下列要求:①松散保温材料:分层铺设,压实适当,表面平整,找坡正确;②板状保温材料:紧贴(靠)基层,铺平垫稳,拼缝严密,找坡正确;③整体现浇保温层:拌和均匀,分层铺设,压实适当,表面平整,找坡正确	观察检查	按屋面面积每 $100m^2$ 抽查 1 处,每处 $10m^2$,且不得少于 3 处
一般项目	2	保温层厚度允许偏差	松散保温材料和整体现浇保温层为 +10%,-5%;板状保温材料为 ±5%,且不得大于4mm	用钢针插入和尺量检查	按屋面面积每 $100m^2$ 抽查 1 处,每处 $10m^2$,且不得少于 3 处
一般项目	3	倒置式屋面保护层	当倒置式屋面保护层采用卵石铺压时,卵石应分布均匀,卵石的质(重)量应符合设计要求	观察检查和按堆积密度计算其质(重)量	按屋面面积每 $100m^2$ 抽查 1 处,每处 $10m^2$,且不得少于 3 处

卷材厚度选用表　　　　　表 3-5

屋面防水等级	设防道数	合成高分子防水卷材	高聚物改性沥青防水卷材	沥青防水卷材
Ⅰ	三道或二道以上设防	不应小于1.5mm	不应小于3mm	—
Ⅱ	二道设防	不应小于1.2mm	不应小于3mm	—
Ⅲ	一道设防	不应小于1.2mm	不应小于4mm	三毡四油
Ⅳ	一道设防	—	—	二毡三油

涂膜厚度选用表　　　　　表 3-6

屋面防水等级	设防道数	高聚物改性沥青防水涂料	合成高分子防水涂料
Ⅰ	三道或二道以上设防	—	不应小于1.5mm
Ⅱ	二道设防	不应小于3mm	不应小于1.5mm
Ⅲ	一道设防	不应小于3mm	不应小于2mm
Ⅳ	一道设防	不应小于2mm	—

卷材搭接宽度(单位:mm)　　　　　表 3-7

卷材种类		铺贴方法	短边搭接		长边搭接	
			满粘法	空铺、点粘、条粘	满粘	空铺、点粘、条粘
沥青防水卷材			100	150	70	100
高聚物改性沥青防水卷材			80	100	80	100
合成高分子防水卷材		胶粘剂	80	100	80	100
		胶粘带	50	60	50	60
		单缝焊	60,有效焊接宽度不小于25			
		双缝焊	80,有效焊接宽度10×2+空腔宽			

卷材防水工程质量检验评定标准和检验方法　　　　表 3-8

项目	序号	检验项目	合格质量标准	检验方法	检查数量
主控项目	1	卷材及配套材料质量	卷材防水层所用卷材及其配套材料必须符合设计要求	检查出厂合格证、质量检验报告和现场抽样复验报告	按屋面面积每 100m² 抽查 1 处，每处 10m²，且不得少于 3 处
	2	防水卷材层	卷材防水层不得有渗漏或积水现象	雨后或淋水、蓄水检验	
	3	防水细部构造	卷材防水层在天沟、檐沟、檐口、水落口、泛水、变形缝和伸出屋面管道的防水构造，必须符合设计要求	观察检查和检查隐蔽工程验收记录	
一般项目	1	卷材搭接缝与收头质量	①卷材防水层的搭接缝应黏(焊)结牢固，密封严密，不得有皱折、翘边和鼓泡等缺陷；②防水层的收头应与基层黏结并固定牢固，缝口封严，不得翘边	观察检查	
	2	卷材保护层	①卷材防水层上的撒布材料和浅色涂料保护层应铺撒或涂刷均匀，黏结牢固；②水泥砂浆、块材或细石混凝土保护层与卷材防水层间应设置隔离层；③刚性保护层的分格缝留置应符合设计要求	观察检查	
	3	排汽屋面孔道留置	①排汽屋面的排汽道应纵横贯通，不得堵塞；②排汽管应安装牢固，位置正确，封闭严密	观察检查	
	4	卷材铺贴方向机搭接宽度允许偏差	卷材的铺贴方向应正确，卷材搭接宽度的允许偏差为 -10mm	观察和尺量检查	

3. 任务实施

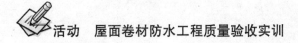 活动　屋面卷材防水工程质量验收实训

1. 场景要求
某工程屋面卷材防水工程质量验收。

2. 检验工具及使用
检验工具见表 3-8，使用由老师讲解、演示。

3. 步骤提示
抽取检查点(处)检查、评定。

4. 填写记录
填写验收记录表(表 3-9、表 3-10)。

卷材防水层分项工程质量验收记录表 表 3-9

工程名称		结构类型		部 位	
施工单位		项目经理		项目技术负责人	
分包单位		分包单位负责人		分包项目经理	

保证项目		项目	质量情况
	1	卷材与胶结材料必须符合设计要求和施工规范规定	
	2	卷材防水层及变形缝、预埋管件等细部做法必须符合设计要求和施工规范规定	

基本项目		项目	质量情况										等级
			1	2	3	4	5	6	7	8	9	10	
	1	基层											
	2	防水层											
	3	保护层											
	4	沥青胶结材料防水层											

检查结果	保证项目	
	基本项目	检查　项,其中优良　项,优良率　　%

检查结论		验收结论	
专业技术负责人 　　　　年　月　日		监理工程师 　　　　年　月　日	

涂料防水层分项工程质量验收记录表　　　　　　　　　　表3-10

工程名称		结构类型			部 位		
施工单位		项目经理			项目技术负责人		
分包单位		分包单位负责人			分包项目经理		

保证项目	项目	质量情况
	防水涂料的质量必须符合设计要求和施工规范的规定	

基本项目		项目	质量情况										等级
			1	2	3	4	5	6	7	8	9	10	
	1	基层											
	2	防水层											
	3	保护层											

检查结果	保证项目	
	基本项目	检查　　项，其中优良　　项，优良率　　　%

检查结论	专业技术负责人　　　　　　　　　　年 月 日	验收结论	监理工程师　　　　　　　　　　年 月 日

65

四、任务评价

1. 小组评价

根据小组任务完成情况给出评分,见表3-11。

任务评价表　　　　　表3-11

考核项目	考核标准	分值	学生自评	小组互评	教师评价	小计
团队合作	和谐	10				
活动参与	积极	10				
信息收集情况	资料正确、完整	10				
工作过程顺序安排	合理规范	20				
仪器、设备操作	正确、规范	20				
质量验收记录填写	完整、正确、规范	15				
劳动纪律	严格遵守	15				
总　　计		100				

教师签字：　　　　　　　　　　　　　　　年　月　日　　　得分

注：未按照施工安全要求进行操作,出现人身伤害或仪器设备损坏的,本任务考核分记为0分。

2. 自我总结

(1)在完成任务过程中遇到了哪些问题?

_____
_____
_____
_____

(2)是如何解决问题的?

_____
_____
_____
_____

(3)你认为还需加强哪方面的指导(可以从实际工作过程及理论知识考虑)?

_____
_____
_____
_____

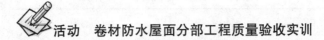活动　卷材防水屋面分部工程质量验收实训

1. 场景要求
工程屋面卷材防水工程质量验收。

2. 检验工具及使用
检验工具见表3-4,表3-8,使用由老师讲解、演示。

3. 步骤提示
抽取检查点(处)→检查→评定。

4. 填写记录
填写验收记录表(表3-12、表3-13)。

整体屋面保温层检验批质量验收记录表　　　　　　　　　　　　表3-12

		施工质量验收规范的规定		施工单位检查评定记录	监理(建设)验收记录
单位(子单位)工程名称					
分部(子分部)工程名称			验收部位		
施工单位			项目经理		
施工执行标准名称及编号					
主控项目	1	材料质量			
	2	保温层含水率			
一般项目	1	保温层铺设			
	2	倒置式屋面保护层			
	3	保温层厚度允许偏差	松散、整体		
			板块		
			专业工长(施工员)		施工班组长
施工单位检查评定结果			项目专业质量检查员:　　　年　月　日		
监理(建设)单位验收结论			专业监理工程师:(建设单位项目专业技术负责人):　　　年　月　日		

注:①定性项目符合要求打√,反之打×;②定量项目加○表示超出企业标准,加△表示超出国家标准。

分部(子分部)工程质量验收记录　　　　　　　　　　表 3-13

工程名称			结构类型		层　数	
施工单位			技术部门负责人		质量部门负责人	
分包单位			分包单位负责人		分包技术负责人	
序号		分项工程名称	检验批数	施工单位检查评定	验收意见	
1		保温层				
2		找平层				
3		卷材防水层				
4		细部构造				
质量控制资料						
安全和功能检验(检测)报告						
观感质量验收						
验收单位	分包单位		项目经理：			年　月　日
	施工单位		项目经理：			年　月　日
	勘察单位		项目负责人：			年　月　日
	设计单位		项目负责人：			年　月　日
	监理(建设)单位		总监理工程师： (建设单位项目专业负责人) 　　　　　　　　　　　　年　月　日			

说明：子分部工程全部验收合格，则该分部工程合格。

小知识　现代建筑新材料——建筑膜材

膜结构的完美体现——水立方

　　膜结构建筑是21世纪最具代表性的一种全新的建筑形式,至今已成为大跨度空间建筑的主要形式之一。它集建筑学、结构力学、精细化工、材料科学与计算机技术等为一体,建造出具有标志性的空间结构形式,它不仅体现出结构的力量美,还充分表现出建筑师的设想,享受大自然浪漫空间。在2008年的奥运会建筑设计上,膜结构应用就得到完美的体现(图3-2)。

图 3-2

　　"水立方"是世界上最大的膜结构工程,除了地面之外,外表都采用了膜结构——ETFE材料,蓝色的表面出乎意料的柔软但又很充实(图3-3)。国家体育馆工程承包总经理谭晓春透露,这种材料的寿命为20多年,但实际会比这个长,人可以踩在上面行走,感觉特别棒。目前世界上只有三家企业能够完成这个膜结构。"考虑到场馆的节能标准,膜结构具有较强的隔热功能;另外,修补这种结构非常方便,比如,射枪或者是尖锐的东西戳进去后,监控的电脑会自动显现出来。如果破了一个洞,只需用不干胶一贴就行了;膜结构还非常轻巧,并具有良好的自洁性,尘土不容易粘在上面,也能随着雨水被排出。"谭晓春说,膜结构自身就具有排水和排污的功能以及去湿和防雾功能,尤其是防结露功能,对游泳运动尤其重要。

图 3-3

　　作为一个摹写水的建筑,水立方纷繁自由的结构形式,源自对规划体系巧妙而简单的变异,简洁纯净的体形谦虚地与宏伟的主场对话,不同气质的对比使各自的灵性得到趣味盎然的共生。椰树、沙滩、人造海浪……将奥林匹克的竞技场升华为世人心目中永远的水上乐园。

69

任务二　刚性防水屋面分部工程质量验收

一、任务描述

施工单位已完成地基基础、主体分部工程的施工任务,现进入屋面工程的施工阶段,施工现场如图3-4所示。屋面防水质量的好坏,不仅影响到人们生活和生产活动的正常进行,也影响到建筑物的使用寿命。因此,建筑防水工程必须综合考虑合理的设计、合适的防水方案、优质的防水材料、优秀的施工队伍、严格的施工操作和仔细的质量检验等因素,才能确保质量,而质量检验又是确保不出现不合格品的关键环节。

现需按照质量检验标准和验收方法对本项工作进行质量检查和验收工作。

图 3-4

二、学习目标

通过本任务的学习,你应当能:

1. 根据项目实际情况,完成刚性防水屋面分部工程质量的验收工作;
2. 针对主控项目和一般项目的验收标准,组织完成刚性防水屋面分部工程的质量检查或验收,评定或认定该项目的质量;
3. 正确填写刚性防水屋面分部工程质量验收记录表;
4. 根据已验收通过的分项工程,组织屋面分部工程的质量验收,判定该分部是否合格。

三、任务实施

1. 信息收集

参考资料

《屋面工程质量验收规范》(GB 50207—2002)
《建筑工程施工质量验收统一标准》(GB 50300—2001)
《屋面工程技术规范》(GB 50345—2004)

《建筑石油沥青》(GB/T 494—1998)
《弹性体改性沥青》(JC/T 905—2002)

(1)细石混凝土防水层适用于防水等级为_____的屋面防水;不适用于_____的建筑屋面。

(2)细石混凝土防水层的分格缝,应设在_____,不宜大于_____ m。分格缝内应嵌填密封材料。

提示

刚性防水层由于使用刚性防水材料,抗拉强度低,干缩变形、温度变形及结构变形,容易产生裂缝,适用于防水等级为Ⅰ~Ⅲ级的屋面防水。对于防水等级为Ⅱ级及其以上的重要建筑,要求与柔性防水材料结合,做到刚柔相济。

(3)细石混凝土防水层的厚度不应小于_____ mm,并应配置_____。钢筋网片在_____处应断开,其保护层厚度不应小于_____ mm。

(4)细石混凝土防水层与立墙及突出屋面结构等交接处,均应做_____处理;细石混凝土防水层与基层间宜设置_____。

(5)密封防水部位的基层质量有何要求?
_____
_____
_____
_____
_____
_____

(6)天沟、檐沟的防水构造有何规定?
_____
_____
_____
_____
_____

(7)檐沟的防水构造有何要求?
_____
_____
_____
_____
_____

(8）女儿墙泛水的防水构造有何规定？

_____
_____
_____

（9）变形缝的防水构造有何要求？

_____
_____
_____
_____

（10）伸出屋面管道的防水构造有何要求？

_____
_____
_____

2. 任务准备

刚性屋面防水工程质量检验标准和检验方法见表3-14。

刚性屋面防水工程质量检验标准和检验方法　　表3-14

项目	序号	检验项目	合格质量标准	检验方法	检查数量
主控项目	1	材料质量及配合比	细石混凝土的原材料及配合比必须符合设计要求	检查出厂合格证、质量检验报告、计量措施和现场抽样复验报告	按屋面面积每100m²抽查1处，每处10m²，且不得少于3处
	2	细石混凝土防水层不得渗漏或积水	细石混凝土防水层不得有渗漏或积水现象	雨后或淋水、蓄水检验	
	3	细部防水构造	细石混凝土防水层在天沟、檐沟、檐口、水落口、泛水、变形缝和伸出屋面管道的防水构造，必须符合设计要求	观察检查和检查隐蔽工程验收记录	
一般项目	1	防水层施工表面质量	细石混凝土防水层应表面平整、压实抹光，不得有裂缝、起壳、起砂等缺陷	观察检查	
	2	防水层厚度和钢筋位置	细石混凝土防水层的厚度和钢筋位置应符合设计要求	观察和尺量检查	
	3	分格缝位置和间距	细石混凝土分格缝的位置和间距应符合设计要求	观察和尺量检查	
	4	表面平整度允许偏差	细石混凝土防水层表面平整度的允许偏差为5mm	用2m靠尺和楔形塞尺检查	

3. 任务实施

按规范要求填写完整下列记录(表3-15、表3-16)。

_____屋面细部构造检验批质量验收记录表 表3-15

单位(子单位)工程名称						
分部(子分部)工程名称				验收部位		
施工单位				项目经理		
施工执行标准名称及编号						
			施工质量验收规范的规定	施工单位检查评定记录	监理(建设)单位验收记录	
主控项目	1		天沟、檐沟排水坡度	设计要求		
	2	防水构造	(1) 天沟、檐沟			
			(2) 檐口			
			(3) 水落口			
			(4) 泛水			
			(5) 变形缝			
			(6) 伸出屋面管道			
施工单位检查评定结果				专业工长(施工员)		施工班组长
				项目专业质量检查员:		年 月 日
监理(建设)单位验收结论				专业监理工程师:(建设单位项目专业技术负责人):		年 月 日

注:①定性项目符合要求打√,反之打×;②定量项目加○表示超出企业标准,加△表示超出国家标准。

刚性防水屋面(子分部)工程质量验收记录　　　　　　　　表3-16

工程名称		结构类型		层　数	
施工单位		技术部门负责人		质量部门负责人	
分包单位		分包单位负责人		分包技术负责人	
序号	分项工程名称	检验批数	施工单位检查评定	验收意见	
1	细石混凝土防水层				
2	密封材料嵌缝				
3	细部构造				
	质量控制资料				
	安全和功能检验(检测)报告				
	观感质量验收				
验收单位	分包单位	项目经理：			年　月　日
	施工单位	项目经理：			年　月　日
	勘察单位	项目负责人：			年　月　日
	设计单位	项目负责人：			年　月　日
	监理(建设)单位	总监理工程师： (建设单位项目专业负责人) 　　　　　　　　　　　年　月　日			

说明：子分部工程全部验收合格,则该分部工程合格。

四、任务评价

1. 小组评价

根据小组任务完成情况给出评分,见表3-17。

任务评价表　　　　　　　　　表3-17

考核项目	考核标准	分值	学生自评	小组互评	教师评价	小计
团队合作	和谐	10				
活动参与	积极	10				
信息收集情况	资料正确、完整	10				
工作过程顺序安排	合理规范	20				
仪器、设备操作	正确、规范	20				
质量验收记录填写	完整、正确、规范	15				
劳动纪律	严格遵守	15				
总　计		100				

教师签字：　　　　　　　　　　　　　　　年　月　日　　得分

注：未按照施工安全要求进行操作，出现人身伤害或仪器设备损坏的，本任务考核分记为0分。

2. 自我总结

(1)在完成任务过程中遇到了哪些问题？

_____
_____
_____
_____

(2)是如何解决问题的？

_____
_____
_____
_____

(3)你认为还需加强哪方面的指导(可以从实际工作过程及理论知识考虑)？

_____
_____
_____
_____
_____
_____
_____

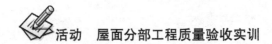
活动　屋面分部工程质量验收实训

1. 场景要求

某工程屋面质量检验。

2. 检验工具及使用

经纬仪、水准尺、塞尺、拉线、吊线、钢卷尺等,使用由老师讲解、演示。

3. 步骤提示

抽取检查点(处)—检查—评定。

4. 填写记录

填写验收记录(表3-18)。

建筑屋面分部工程质量验收记录表　　　　　　　　　　　表3-18

工程名称		结构类型		层　数	
施工单位		技术部门负责人		质量部门负责人	
分包单位		分包单位负责人		分包技术负责人	
序号	子分部工程名称	分项工程项数	施工单位检查评定	验收意见	
1					
2					
3					
4					
	质量控制资料				
	安全和功能检验(检测)报告				
	观感质量验收				
验收单位	分包单位	项目经理:			年　月　日
	施工单位	项目经理:			年　月　日
	勘察单位	项目负责人:			年　月　日
	设计单位	项目负责人:			年　月　日
	监理(建设)单位	总监理工程师: (建设单位项目专业负责人) 　　　　　　　　　　　年　月　日			

说明:①子分部工程全部验收完成,则分部工程也验收完成。②分部工程质量验收记录表可做可不做。

小知识　注册建造师及报考条件

建造师是以专业技术为依托、以工程项目管理为主业的执业注册人员,近期以施工管理为主。建造师是懂管理、懂技术、懂经济、懂法规,综合素质较高的复合型人员,既要有理论水平,也要有丰富的实践经验和较强的组织能力。建造师注册受聘后,可以建造师的名义担任建设工程项目施工的项目经理、从事其他施工活动的管理、从事法律、行政法规或国务院建设行政主管部门规定的其他业务。在行使项目经理职责时,一级注册建造师可以担任《建筑业企业资质等级标准》中规定的特级、一级建筑业企业资质的建设工程项目施工的项目经理;二级注册建造师可以担任二级建筑业企业资质的建设工程项目施工的项目经理。大中型工程项目的项目经理必须逐步由取得建造师执业资格的人员担任;但取得建造师执业资格的人员能否担任大中型工程项目的项目经理,应由建筑业企业自主决定。

建造师分为一级建造师和二级建造师,英文分别为:Constructor 和 Associate Constructor。

一级建造师执业资格考试时间为每年的第三季度,凡遵守国家法律、法规,具备下列条件之一者,可以申请参加一级建造师执业资格考试:

(1)取得工程类或工程经济类大学专科学历,工作满6年,其中从事建设工程项目施工管理工作满4年。

(2)取得工程类或工程经济类大学本科学历,工作满4年,其中从事建设工程项目施工管理工作满3年。

(3)取得工程类或工程经济类双学士学位或研究生班毕业,工作满3年,其中从事建设工程项目施工管理工作满2年。

(4)取得工程类或工程经济类硕士学位,工作满2年,其中从事建设工程项目施工管理工作满1年。

(5)取得工程类或工程经济类博士学位,从事建设工程项目施工管理工作满1年。

二级建造师执业资格考试的报名条件:二级建造师执业资格考试由各省、自治区、直辖市人事厅(局)、建设厅(委)根据统一的二级建造师执业资格考试大纲负责本地区考试命题和组织实施。

凡遵纪守法,具备工程类或工程经济类中等专业以上学历并从事建设工程项目施工管理工作满2年的人员,可报名参加二级建造师执业资格考试。

学习情境四 建筑装饰装修分部工程质量验收与评定

任务一 抹灰分部工程质量验收

一、任务描述

施工单位已完成地基基础、主体工程、屋面工程的施工任务,现进入装饰装修工程的抹灰施工,施工现场如图4-1所示。建筑装饰装修是为了保护建筑物的主体结构、完善建筑物的使用功能和美化建筑物,采用饰面装饰材料或饰物,对建筑物的内外表面及空间进行各种处理的过程。

现需按照质量检验标准和验收方法对本项工作进行质量检查和验收工作。

图 4-1

二、学习目标

通过本任务的学习,你应当能:

1. 根据项目实际情况,完成抹灰工程质量的验收工作;
2. 针对主控项目和一般项目的验收标准,组织完成抹灰工程的质量检查或验收,评定或认定该项目的质量;
3. 正确填写抹灰工程质量验收记录表。

三、任务实施

1. 信息收集

参考资料

《建筑装饰装修工程质量验收规范》(GB 50210—2001)
《建筑工程施工质量验收统一标准》(GB 50300—2001)
《建筑内部装修设计防火规范》(GB 50222—1995)
《高层民用建筑设计防火设计规范》(GB 50045—1995)

引导问题1：材料质量检查有哪些内容？

(1) 水泥宜采用强度等级_____的硅酸盐水泥、普通硅酸盐水泥。

(2) 常温下石灰膏熟化时间不少于_____，用于罩面时不少于_____。

提示

建筑装饰装修工程施工中严禁违反设计文件擅自改动建筑主体、承重结构或主要使用功能；严禁未经设计确认和有关部门批准擅自拆改水、暖、电、燃气、通信等配套设施。

引导问题2：一般抹灰施工过程中的检查有哪些内容？

(1) 砂浆稠度要求：底层灰_____，中层灰_____，面层灰_____。

(2) 抹灰前基层应做哪些处理？
_____
_____
_____
_____

(3) 金属网与各基体的搭接宽度每边不应小于_____ mm。

(4) 抹灰工程需对哪些隐蔽工程项目进行验收？
_____
_____
_____
_____

(5) 普通抹灰、中级抹灰、高级抹灰的区别是什么？
_____
_____
_____
_____

79

2. 任务准备(表4-1、表4-2)

一般抹灰工程质量检验标准及检验方法　　　　　　　　表4-1

项目	序号	检验项目	合格质量标准	检验方法	检查数量
主控项目	1	基层表面	抹灰前基层表面的尘土、污垢、油渍等应清除干净，并应洒水润湿	检查施工记录	室内每个检验批应至少抽查10%，并不得少于3间；不足3间时应全数检查 室外每个检验批每100m²应至少抽查一处，每处不得小于10m²
	2	材料品种和性能	①一般抹灰所用材料的品种和性能应符合设计要求，水泥的凝结时间和安定性复验应合格；②砂浆的配合比应符合设计要求	检查产品合格证书、进场验收记录。复验报告和施工记录	
	3	操作要求	①抹灰工程应分层进行；②当抹灰总厚度大于或等于35mm时，应采取加强措施，不同材料基体交接处表面的抹灰，应采取防止开裂的加强措施；③当采用加强网时，加强网与各基体的搭接宽度不应小于100mm	检查隐蔽工程验收记录和施工记录	
	4	层黏结及面层质量	抹灰层与基层之间及各抹灰层之间必须黏结牢固，抹灰层应无脱层、空鼓，面层应无爆灰和裂缝	观察；用小锤轻击检查；检查施工记录	
一般项目	1	表面质量	一般抹灰工程的表面质量应符合下列规定：①普通抹灰表面应光滑、洁净、接搓平整，分格缝应清晰；②高级抹灰表面应光滑、洁净、颜色均匀、无抹纹，分格缝和灰线应清晰美观	观察；手摸检查	
	2	细部质量	①护角、孔洞、槽、盒周围的抹灰表面应整齐、光滑；②管道后面的抹灰表面应平整	观察	
	3	层总厚度及层间材料	①抹灰层的总厚度应符合设计要求；②水泥砂浆不得抹在石灰砂浆层上，罩面石膏灰不得抹在水泥砂浆层上	检查施工记录	
	4	分格缝	灰分格缝的设置应符合设计要求，宽度和深度应均匀，表面应光滑，棱角应整齐	观察；尺量检查	
	5	滴水线(槽)	①有排水要求的部位应做滴水线(槽)；②滴水线(槽)应整齐顺直，滴水线应内高外低，滴水槽的宽度和深度均不应小于10mm	观察；尺量检查	

一般抹灰、装饰抹灰的允许偏差和检验方法　　　　　　　　表4-2

项次	项目	允许偏差(mm)						检验方法
		一般抹灰		装饰抹灰				
		普通抹灰	高级抹灰	水刷石	斩假石	干粘石	假面石	
1	立面垂直度	4	3	5	4	5	5	用2m垂直检测尺检查
2	表面平整度	4	3	3	3	4	4	用2m靠尺和塞尺检查
3	阴阳角方正	4	3	3	3	3	3	用直角检测尺检查
4	分格条直线度	4	3	3	3	3	3	拉5m线，不足5m拉通线，用钢直尺检查
5	墙裙、勒脚上口直线度	4	3	3	3	—	—	拉5m线，不足5m拉通线，用钢直尺检查

3. 任务实施

根据检测填写完成表4-3、表4-4。

一般抹灰分项工程质量验收记录表　　　　表4-3

工程名称			结构类型		部位							
施工单位			项目经理		项目技术负责人							
分包单位			分包单位负责人		分包项目经理							

保证项目		项目						质量情况				
	1	材料的品种、质量必须符合设计要求;各抹灰层之间及抹灰层与基体之间必须黏结牢固,无脱层、空鼓,面层无爆灰和裂缝(风裂除外)等缺陷										

基本项目		项目	质量情况									等级
			1	2	3	4	5	6	7	8	9	10	
	1	表面											
	2	孔洞、槽、盒和管道后面抹灰表面											
	3	门窗框与墙体间缝隙											
	4	分格条(缝)											

允许偏差项目		项目	允许偏差(mm)			实测偏差值(mm)									
			普通	中级	高级	1	2	3	4	5	6	7	8	9	10
	1	立面垂直	—	5	3										
	2	表面平整	5	4	2										
	3	阴阳角垂直	—	4	2										
	4	阴阳角方正	—	4	2										
	5	分格条(缝)平直	—	3	—										

检查结果	保证项目					
	基本项目	检查　　项,其中优良　　项,优良率　　%				
	允许偏差项目	实测　　点,其中合格　　点,合格率　　%				

检查结论	专业技术负责人　　　　　　　　　　年　月　日	验收结论	监理工程师　　　　　　　　　　年　月　日

假面砖、拉条灰、拉毛灰、仿石和彩色抹灰分项工程质量验收记录表　　　　表4-4

工程名称													结构类型				部 位	
施工单位													项目经理				项目技术负责人	
分包单位													分包单位负责人				分包项目经理	

保证项目	项目	质量情况
	材料的品种、质量必须符合设计要求；各抹灰层之间及抹灰层与基体之间必须黏结牢固，无脱层、空鼓和裂缝等缺陷	

基本项目		项目	质量情况										等级
			1	2	3	4	5	6	7	8	9	10	
	1	表面											
	2	分格条(缝)											

允许偏差项目		项目	允许偏差(mm)				实测偏差值(mm)									
			假面砖	拉条灰	拉毛灰	仿石彩色抹灰	1	2	3	4	5	6	7	8	9	10
	1	立面垂直	5	5	4											
	2	表面平整	4	4	3											
	3	阴阳角垂直	—	4	3											
	4	阴阳角方正	4	4	3											
	5	墙裙、勒脚上口平直	—	—	3											
	6	分格条(缝)平直	3	—	—											

检查结果	保证项目	
	基本项目	检查　　项，其中优良　　项，优良率　　　　%
	允许偏差项目	实测　　点，其中合格　　点，合格率　　　　%

检查结论		验收结论	
专业技术负责人　　　　　　　年　月　日		监理工程师　　　　　　　年　月　日	

注：1. 假面砖、拉条灰、拉毛灰等装饰抹灰，表中第4项阴角方正可不检查。
　　2. 拉毛灰可在面层涂抹前检查中层砂浆表面，其允许偏差按表中相应规定执行。

四、任务评价

1. 小组评价

根据小组任务完成情况给出评分,见表4-5。

任务评价表　　　　　　　　　表4-5

考核项目	考核标准	分值	学生自评	小组互评	教师评价	小计
团队合作	和谐	10				
活动参与	积极	10				
信息收集情况	资料正确、完整	10				
工作过程顺序安排	合理规范	20				
仪器、设备操作	正确、规范	20				
质量验收记录填写	完整、正确、规范	15				
劳动纪律	严格遵守	15				
总　　计		100				

教师签字:　　　　　　　　　　　　　　　　年　月　日　　得分

注:未按照施工安全要求进行操作,出现人身伤害或仪器设备损坏的,本任务考核分记为0分。

2. 自我总结

(1)在完成任务过程中遇到了哪些问题?

_____
_____
_____
_____

(2)是如何解决问题的?

_____
_____
_____
_____

(3)你认为还需加强哪方面的指导(可以从实际工作过程及理论知识考虑)?

_____
_____
_____
_____
_____

任务二　门窗分部工程质量验收

一、任务描述

施工单位已完成地基基础、主体工程、屋面工程的施工任务,现进入装饰装修工程门窗的施工,施工现场如图4-2所示。建筑装饰装修是为了保护建筑物的主体结构、完善建筑物的使用功能和美化建筑物,采用饰面装饰材料或饰物,对建筑物的内外表面及空间进行各种处理的过程。

现需按照质量检验标准和验收方法对本项工作进行质量检查和验收工作。

二、学习目标

通过本任务的学习,你应当能:

1. 根据项目实际情况,完成门窗工程质量的验收工作;
2. 针对主控项目和一般项目的验收标准,组织完成门窗工程的质量检查或验收,评定或认定该项目的质量;
3. 正确填写门窗工程质量验收记录表。

图 4-2

三、任务实施

1. 信息收集

参考资料

《建筑装饰装修工程质量验收规范》(GB 50210—2001)
《建筑工程施工质量验收统一标准》(GB 50300—2001)
《建筑内部装修设计防火规范》(GB 50222—1995)
《塑料门窗安装及验收规程》(JGJ 103—96)

(1)金属门窗和塑料门窗安装应采用_____方法施工,不得采用边安装边砌口或_____的方法施工。

(2)在砌体上安装门窗严禁用_____固定。

(3)门窗安装过程中的隐蔽验收项目有哪些?

_____

_____

(4)选用铝合金型材作为门窗时,其壁厚不得小于_____mm。

(5)铝合金门窗安装前应进行哪些项目的检查?

_____

_____

_____

(6)铝合金门窗安装过程中应进行哪些项目的检查?

_____

_____

_____

_____

(7)当门、窗玻璃大于_____m² 时,应使用安全玻璃,安全玻璃指_____

_____。

2.任务准备(表4-6、表4-7)

金属门窗安装工程质量检验标准及检验方法　　　　　　　　　表4-6

项目	序号	检验项目	合格质量标准	检验方法	检查数量
主控项目	1	门窗质量	①金属门窗的品种、类型、规格、尺寸、性能、开启方向、安装位置、连接方式及铝合金门窗的型材壁厚应符合设计要求;②金属门窗的防腐处理及填嵌、密封处理应符合设计要求	①观察;②尺量检查;③检查产品合格证书、性能检测报告、进场验收记录和复验报告;④检查隐蔽工程验收记录	每个检验批应至少抽查5%,并不得少于3樘;不足3樘时应全数检查;高层建筑的外窗,每个检验批应至少抽查10%,并不得少于6樘;不足6樘时应全数检查
主控项目	2	框和副框安装及预埋件	①金属门窗框和副框的安装必须牢固;②预埋件的数量、位置、埋设方式、与框的连接方式必须符合设计要求	①手扳检查;②检查隐蔽工程验收记录	
主控项目	3	门窗扇安装	①金属门窗扇必须安装牢固,并应开关灵活、关闭严密,无倒翘;②推拉门窗扇必须有防脱落措施	①观察;②开启和关闭检查;③手扳检查	
主控项目	4	配件质量及安装	①金属门窗配件的型号、规格、数量应符合设计要求,安装应牢固,位置应正确,功能应满足使用要求	①观察;②开启和关闭检查;③手扳检查	
一般项目	1	表面质量	①金属门窗表面应洁净、平整、光滑;②色泽一致,无锈蚀;③大面应无划痕、碰伤;④漆膜或保护层应连续	观察	
一般项目	2	框与墙体间缝隙	①金属门窗框与墙体之间的缝隙应填嵌饱满,并采用密封胶密封;②密封胶表面应光滑、顺直、无裂纹	①观察;②轻敲门窗框检查;③检查隐蔽工程验收记录	
一般项目	3	排水孔	有排水孔的金属门窗,排水孔应畅通,位置和数量应符合设计要求	观察	
一般项目	4	扇密封胶条或毛毡密封条	金属门窗扇的橡胶密封条或毛毡密封条应安装完好,不得脱槽	①观察;②开启和关闭检查	
一般项目	5	开关力	铝合金门窗推拉门窗扇开关力应不大于100N	用弹簧秤检查	

钢门窗安装的留缝限值、允许偏差和检验方法　　　　　　　　　表4-7

项次	项 目		留缝限值(mm)	允许偏差(mm)	检验方法
1	门窗槽口宽度、高度(mm)	≤1500	—	2.5	用钢尺检查
1	门窗槽口宽度、高度(mm)	>1500	3.5		用钢尺检查
2	门窗槽对角线长度(mm)	≤2000		5	用钢尺检查
2	门窗槽对角线长度(mm)	>2000	—	6	用钢尺检查
3	门框的正、侧面垂直度		—	3	用1m垂直检测尺检查
4	门窗横框的水平度		—	3	用1m水平和塞尺检查
5	门窗横框标高		—	5	用钢尺检查

续上表

项次	项　目	留缝限值（mm）	允许偏差（mm）	检验方法
6	门窗竖向偏离中心	—	4	用钢尺检查
7	双层门窗内外框间距	—	5	用钢尺检查
8	门窗框、扇配合间隙	≤2	—	用塞尺检查
9	无下框时门扇与地面间留缝	4~8	—	用塞尺检查

3. 任务实施

根据检测结果填写完成表4-8、表4-9。

木门窗安装分项工程质量验收记录表　　　　　　　　　　表4-8

工程名称			结构类型			部　位						
施工单位			项目经理			项目技术负责人						
分包单位			分包单位负责人			分包项目经理						

保证项目		项目				质量情况						
	1	门窗框安装位置开启方向必须符合设计要求										
	2	门窗玻璃安装必须平整牢固，无松动现象										

基本项目		项目	质量情况									等级
			1	2	3	4	5	6	7	8	9	10	
	1	门窗扇安装											
	2	小五金安装											

允许偏差项目		项目		允许偏差或留缝宽度（mm）	实测偏差值（mm）									
					1	2	3	4	5	6	7	8	9	10
	1	框的正、侧面垂直度		3										
	2	框对角线长度差		3										
	3	框与扇、扇与扇接触高低差		2										
	4	门窗扇对口和扇与框间留缝宽度		1.5~2.5										
	5	双扇大门对口留缝宽度		2~5										
	6	框与扇上缝留缝宽度		1.0~1.5										
	7	窗扇与下坎间留缝宽度		2~3										
	8	门窗与地面间留缝宽度	外门	4~5										
			内门	6~8										
			卫生间门	10~12										
			大门	10~20										
	9	门扇与下坎间留缝宽度	外门	4~5										
			内门	3~5										

检查结果	保证项目			
	基本项目	检查　项，其中优良　项，优良率　%		
	允许偏差项目	实测　点，其中合格　点，合格率　%		

检查结论	专业技术负责人　　　　　　　　年　月　日	验收结论	监理工程师　　　　　　　　年　月　日

钢门窗安装分项工程质量验收记录表 表4-9

工程名称			结构类型		部 位	
施工单位			项目经理		项目技术负责人	
分包单位			分包单位负责人		分包项目经理	

		项目	质量情况
保证项目	1	钢门窗及其附件质量必须符合设计要求和有关标准的规定	
	2	钢门窗安装位置、开启方向必须符合设计要求	
	3	钢门窗安装必须牢固；预埋铁件的数量、位置、埋设连接方法必须符合设计要求	

		项目	质量情况										等级
			1	2	3	4	5	6	7	8	9	10	
基本项目	1	门窗扇安装											
	2	附件安装											

		项目		允许偏差或限值(mm)	实测偏差值(mm)									
					1	2	3	4	5	6	7	8	9	10
允许偏差项目	1	门窗框两对角线长度差	≤2000mm	5										
			>2000mm	6										
	2	框扇配合间隙的限值	铰链面	≤2										
			执手面	≤1.5										
	3	窗框扇搭接量的限值	实腹面	≥2										
			空腹面	≥4										
	4	门窗框正、侧面垂直度		3										
	5	门窗框的水平度		3										
	6	门无下槛时,内门窗与地面间留缝限值		4~8										
	7	双层门窗内外框梃的中心距		5										

检查结果	保证项目	
	基本项目	检查　　项,其中优良　　项,优良率　　%
	允许偏差项目	实测　　点,其中合格　　点,合格率　　%

检查结论		验收结论	
专业技术负责人 年 月 日		监理工程师 年 月 日	

四、任务评价

1. 小组评价

根据小组任务完成情况给出评分,见表4-10。

任务评价表　　　　　　　　　　　　　　　　表4-10

考核项目	考核标准	分值	学生自评	小组互评	教师评价	小计
团队合作	和谐	10				
活动参与	积极	10				
信息收集情况	资料正确、完整	10				
工作过程顺序安排	合理规范	20				
仪器、设备操作	正确、规范	20				
质量验收记录填写	完整、正确、规范	15				
劳动纪律	严格遵守	15				
总　计		100				

教师签字：　　　　　　　　　　　　　　　　年　　月　　日　　得分

注:未按照施工安全要求进行操作,出现人身伤害或仪器设备损坏的,本任务考核分记为0分。

2. 自我总结

(1)在完成任务过程中遇到了哪些问题?

_____
_____
_____

(2)是如何解决问题的?

_____
_____
_____

(3)你认为还需加强哪方面的指导(可以从实际工作过程及理论知识考虑)?

_____
_____
_____

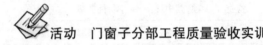 活动　门窗子分部工程质量验收实训

1. 场景要求

某工程铝合金门窗安装工程质量验收。

2. 检验工具及使用

钢卷尺、垂直检测尺、1m水平尺、塞尺、钢直尺等。

3. 步骤提示

检查材料的产品合格证书、性能检测报告、进场验收记录、复验报告和隐蔽工程验收记

录—现场检查铝合金门窗的安装位置、开启方向、连接方式、密封处理是否符合设计要求,检查门窗扇的安装是否开关灵活、关闭是否严密、有无倒翘,检查门窗五金配件的型号、规格、数量是否符合设计要求、是否满足使用要求,检查门窗表面质量、密封条安装质量等。

4. 填写记录

填写铝合金门窗安装检验批质量验收记录(表4-11)。

铝合金和塑钢门窗安装分项工程质量验收记录表　　　　表4-11

工程名称				结构类型						部位				
施工单位				项目经理						项目技术负责人				
分包单位				分包单位负责人						分包项目经理				
保证项目		项目						质量情况						
	1	铝合金和塑钢门窗及其附件质量必须符合设计要求和有关标准的规定												
	2	铝合金和塑钢门窗安装位置、开启方向必须符合设计要求												
	3	铝合金和塑钢门窗框安装必须牢固;预埋件的数量、位置、埋设连接方法必须符合设计要求												
基本项目		项目			质量情况									等级
					1	2	3	4	5	6	7	8	9	10	
	1	门窗扇安装													
	2	门窗附件安装													
允许偏差项目		项目			允许偏差或限值(mm)	实测偏差值(mm)								
						1	2	3	4	5	6	7	8	9	10
	1	门窗框两对角线长度差	≤2000mm		2										
			>2000mm		3										
	2	平开窗	窗扇与框搭接宽度差		1										
	3		同樘门窗相邻扇的横端角高度差		2										
	4	推拉门	门窗扇开启力限值	扇面积≤1.5m²	≤40N										
				扇面积>1.5m²	≤60N										
	5		门窗扇与框或相邻扇立边平行度		2										
	6	弹簧门扇	门窗对口缝或扇与框之间立横缝留缝限值		2~4										
	7														
	8		门窗与地面间隙留缝限值		2~7										
			门窗对口缝关闭时平整度		2										
	9		门窗框正、侧面的垂直度		2										
	10		门窗框的水平度		1.5										
	11		门窗横框标高		5										
	12		双层门窗内外框中心距		4										

续上表

检查结果	保证项目					
	基本项目	检查	项,其中优良	项,优良率	%	
	允许偏差项目	实测	点,其中合格	点,合格率	%	
检查结论	专业技术负责人　　　　　　　年　月　日			验收结论	监理工程师　　　　　　　年　月　日	

注:δ为隔热层厚度。

任务三　饰面板(砖)分部工程质量验收

一、任务描述

施工单位已完成地基基础、主体工程、屋面工程的施工任务,现进入装饰装修工程中饰面板(砖)的施工,施工现场如图4-3所示。建筑装饰装修是为了保护建筑物的主体结构、完善建筑物的使用功能和美化建筑物,采用饰面装饰材料或饰物,对建筑物的内外表面及空间进行各种处理的过程。

现需按照质量检验标准和验收方法对本项工作进行质量检查和验收工作。

图　4-3

二、学习目标

通过本任务的学习,你应当能:

1.根据项目实际情况,完成饰面板(砖)工程质量的验收工作;

2.针对主控项目和一般项目的验收标准,组织完成饰面板(砖)工程的质量检查或验收,评定或认定该项目的质量;

3.正确填写饰面板(砖)工程质量验收记录表。

三、任务实施

1. 信息收集

参考资料

《建筑装饰装修工程质量验收规范》(GB 50210—2001)
《建筑工程施工质量验收统一标准》(GB 50300—2001)
《建筑内部装修设计防火规范》(GB 50222—1995)
《高层民用建筑设计防火设计规范》(GB 50045—1995)
《外墙饰面砖工程施工及验收规程》(JGJ 126—2000)
《建筑工程饰面砖粘结强度检验标准》(JGJ 110—2008)

---

(1)饰面板(砖)工程需对哪些材料及其性能指标进行复验?

_____
_____
_____
_____

(2)饰面板(砖)工程需对哪些隐蔽工程进行验收?

_____
_____
_____
_____

提示

"粘贴"、"安装"的区别

一般饰面板尺寸都在400mm以上,须通过挂、卡等手段安装固定在墙面上;而饰面砖尺寸都较小,可以通过水泥砂浆和水泥浆粘贴在墙上。

---

(3)饰面砖粘贴适用于内墙饰面工程和高度不大于_____m、抗震设防烈度不大于_____、采用_____法施工的外墙饰面砖工程。

(4)镶贴饰面砖前,需要检查基体或基层处理的哪些内容?

_____
_____
_____
_____
_____

(5)水泥基黏结材料采用的硅酸盐水泥强度等级不应低于_____,普通硅酸盐水泥强度等级不应低于_____。

(6)外墙饰面砖的接缝宽度不应小于_____mm,尤其不得采用密缝。

(7)外墙饰面板安装工程的适用范围是什么?

_____

_____

_____

2. 任务准备(表 4-12～表 4-15)

饰面砖安装检验批质量检验标准及检验方法　　　　表 4-12

项	序	检验项目	合格质量标准	检验方法	检查数量
主控项目	1	饰面砖质量	饰面砖的品种、规格、图案颜色和性能应符合设计要求	①观察;②检查产品合格证书、进场验收记录、性能检测报告和复验报告	室内每个检验批应至少抽查10%,并不得少于3间;不足3间时应全数检查。室外每个检验批每100m²应至少抽查一处,每处不得小于10m²
	2	饰面砖粘贴材料	饰面砖粘贴工程的找平、防水、黏结和勾缝材料及施工方法应符合设计要求及国家现行产品标准和工程技术标准的规定	检查产品合格证书、复验报告和隐蔽工程验收记录	
	3	饰面砖粘贴	饰面砖粘贴必须牢固	检查样板件黏结强度检测报告和施工记录	
	4	满粘法施工	满粘法施工的饰面砖工程应无空鼓、裂缝	①观察;②用小锤轻击检查	
一般项目	1	饰面砖表面质量	饰面砖表面应平整、洁净、色泽一致,无裂痕和缺损	观察	
	2	阴阳角及非整砖	阴阳角处搭接方式、非整砖使用部位应符合设计要求	观察	
	3	墙面突出物	墙面突出物周围的饰面砖应整砖套割吻合,边缘应整齐。墙裙、贴脸突出墙面的厚度应一致	①观察;②尺量检查	
	4	饰面砖接缝、填嵌、宽深	①饰面砖接缝应平直、光滑,填嵌应连续、密实;②宽度和深度应符合设计要求	①观察;②尺量检查	
	5	滴水线	①有排水要求的部位应做滴水线(槽);②滴水线(槽)应顺直,流水坡向应正确,坡度应符合设计要求	①观察;②用水平尺检查	

饰面砖粘贴的允许偏差和检验方法　　　　表 4-13

项次	项 目	允许偏差(mm)		检验方法
		外墙面砖	风墙面砖	
1	立面垂直度	3	2	用2m垂直检测尺检查
2	表面平整度	4	3	用2m靠尺和塞尺检查
3	阴阳角方正	3	3	用直角检测尺检查
4	接缝干线度	3	2	拉5m线,不足5m拉通线,用钢直尺检查
5	接缝高低差	1	0.5	用钢直尺和塞尺检查
6	接缝宽度	1	1	用钢直尺检查

饰面板安装检验批质量检验标准及检验方法　　　　　　　　表 4-14

项目	序	检验项目	合格质量标准	检验方法	检查数量
主控项目	1	材料质量	饰面板的品种、规格、颜色和性能应符合设计要求，木龙骨、木饰面板和塑料饰面板的燃烧性能等级应符合设计要求	①观察；②检查产品合格证书、进场验收记录和性能检测报告	室内每个检验批应至少抽查10%，并不得少于3间；不足3间时应全数检查；室外每个检验批每100m²应至少抽查一处，每处不得小于10m²
	2	饰面板孔、槽	饰面板孔、槽的数量、位置和尺寸应符合设计要求	检查进场验收记录和施工记录	
	3	饰面板安装	①饰面板安装工程的预埋件（或后置埋件）、连接件的数量、规格、位置、连接方法和防腐处理必须符合设计要求；②后置埋件的现场拉拔强度必须符合设计要求；③饰面板安装必须牢固	①手扳检查；②检查进场验收记录、现场拉拔检测报告、隐蔽工程验收记录和施工记录	
一般项目	1	饰面板表面质量	①饰面板表面应平整、洁净、色泽一致，无裂痕和缺损；②石材表面应无泛碱等污染	观察	
	2	饰面板嵌缝	饰面板嵌缝应密实、平直，宽度和深度应符合设计要求，嵌填材料色泽应一致	①观察；②尺量检查	
	3	湿作业施工	①采用湿作业法施工的饰面板工程，石材应进行防碱背涂处理；②饰面板与基体之间的灌注材料应饱满、密实	①用小锤轻击检查；②检查施工记录	
	4	饰面板孔洞套割	饰面板上的孔洞应套割吻合，边缘应整齐	观察	

饰面板安装的允许偏差和检验方法　　　　　　　　表 4-15

项次	项目	允许偏差（mm）							检验方法
		石材			瓷板	木材	塑料	金属	
		光面	剁斧石	蘑菇石					
1	立面垂直度	2	3	3	2	1.5	2	2	用2m垂直检测尺检查
2	表面平整度	2	3	—	1.5	1	3	3	用2m靠尺和塞尺检查
3	阴阳角方正	2	4	4	2	1.5	3	3	用直角检测尺检查
4	接缝直线度	2	4	4	2	1	1	1	拉5m线，不足5m拉通线，用钢直尺检查
5	墙裙、勒脚上口直线度	2	3	3	2	2	2	2	拉5m线，不足5m拉通线，用钢直尺检查
6	接缝高低差	0.5	3	—	0.5	0.5	1	1	用钢直尺和塞尺检查
7	接缝宽度	1	2	2	1	1	1	1	用钢直尺检查

3. 任务实施

根据实际检测结果填写完成表 4-16。

饰面分项工程质量验收记录表　　　　　　表4-16

工程名称		结构类型		部位	
施工单位		项目经理		项目技术负责人	
分包单位		分包单位负责人		分包项目经理	

保证项目		项目	质量情况
	1	饰面板(砖)的品种、规格、颜色和图案必须符合设计要求,其质量必须符合有关标准规定	
	2	板(砖)安装(镶贴)必须牢固,翼水泥为主要黏结材料严禁空鼓,必须无歪斜,缺棱掉角和裂缝等缺陷	

基本项目		项目	质量情况										等级
			1	2	3	4	5	6	7	8	9	10	
	1	表面											
	2	接缝											
	3	套割											

允许偏差项目		项目	允许偏差(mm)										实测偏差值(mm)									
			天然石						人造石		饰面砖		饰面玻璃板											
			光面	镜面	粗磨面	麻面	条纹面	天然面	人造大理石	水磨石	釉面砖	陶瓷面砖		1	2	3	4	5	6	7	8	9	10
	1	表面平整	1	3	—				1	2	2		1										
	2	立面垂直	2	3	—				2	2	2		2										
	3	阳角方正	2	4	—				2	2	2		2										
	4	接缝平直	2	4	5				2	3	2		2										
	5	墙裙上口平直	2	4	3				2	2	2		2										
	6	接缝高低	0.3	3	—				0.3	0.5	0.5		0.3										
	7	接缝宽度偏差	0.5	1	—				0.5	0.5	—		0.5										

检查结果	保证项目	
	基本项目	检查　　项,其中优良　　项,优良率　　%
	允许偏差项目	实测　　点,其中合格　　点,合格率　　%

检查结论		验收结论	
专业技术负责人　　　　　　年　月　日		监理工程师　　　　　　年　月　日	

四、任务评价

1. 小组评价

根据小组任务完成情况给出评分,见表4-17。

任务评价表　　　　　　　　　　　　　　　　　表4-17

考核项目	考核标准	分值	学生自评	小组互评	教师评价	小计
团队合作	和谐	10				
活动参与	积极	10				
信息收集情况	资料正确、完整	10				
工作过程顺序安排	合理规范	20				
仪器、设备操作	正确、规范	20				
质量验收记录填写	完整、正确、规范	15				
劳动纪律	严格遵守	15				
总　计		100				
教师签字:			年　月　日		得分	

注:未按照施工安全要求进行操作,出现人身伤害或仪器设备损坏的,本任务考核分记为0分。

2. 自我总结

(1)在完成任务过程中遇到了哪些问题?

_____
_____
_____
_____

(2)是如何解决问题的?

_____
_____
_____
_____

(3)你认为还需加强哪方面的指导(可以从实际工作过程及理论知识考虑)?

_____
_____
_____
_____

 活动　饰面砖分部工程质量验收实训

1. 场景要求

某工程室外饰面砖粘贴工程质量验收和检验评定。

2. 检验工具及使用

2m垂直检测尺、2m靠尺和塞尺、直角检测尺、钢直尺、小锤等。

3. 步骤提示

检查材料的产品合格证书、性能检测报告、进场验收记录、复验报告和隐蔽工程验收记录—现场检查饰面砖的表观质量(颜色、图案、勾缝、有无裂痕和缺损等)、阴阳角处搭接方式、非整砖的使用部位、饰面砖的接缝和嵌填、滴水线、排水坡度等,用工具检查饰面板的立面垂直度、表面平整度、阴阳角方正、接缝直线度、接缝高低差、接缝宽度等。

4. 填写记录

填写饰面板粘贴工程检验批质量验收记录(表4-18)。

饰面板安装工程检验批质量验收记录　　　　　　表4-18

工程名称				分项工程名称		项目经理	
施工单位				验收部位			
施工执行标准名称及编号						专业工长(施工员)	
分包单位				分包项目经理		施工班组长	
		质量验收规范的规定			施工单位自检记录	监理(建设)单位验收记录	
主控项目	1	材料要求		8.2.2条			
	2	孔、槽设置		8.2.3条			
	3	预埋件、连接件(或后置埋件)		8.2.4条			
一般项目	1	表面质量		8.2.5条			
	2	嵌缝		8.2.6条			
	3	湿作业石材施工防碱背涂处理		8.2.7条			
	4	孔洞套割		8.2.8条			
		饰面板安装(8.2.9条)		允许偏差 mm	实　测　值		
	5	立面垂直度	石材	光面	2		
				剁斧石	3		
				蘑菇石	3		
			瓷板		2		
			木材		1.5		
			塑料		2		
			金属		2		
	6	表面平整度	石材	光面	2		
				剁斧石	3		
				蘑菇石	3		
			瓷板		1.5		
			木材		1		
			塑料		3		
			金属		3		

续上表

一般项目	7	阴阳角方正	石材	光面	2												
				剁斧石	4												
				蘑菇石	4												
			瓷板		2												
			木材		1.5												
			塑料		3												
			金属		3												
	8	接缝直线度	石材	光面	2												
				剁斧石	4												
				蘑菇石	4												
			瓷板		2												
			木材		1												
			塑料		1												
			金属		1												
	9	墙裙勒脚上口直线度	石材	光面	2												
				剁斧石	3												
				蘑菇石	3												
			瓷板		2												
			木材		2												
			塑料		2												
			金属		2												
	10	接缝高低差	石材	光面	0.5												
				剁斧石	3												
				蘑菇石	—												
			瓷板		0.5												
			木材		0.5												
			塑料		1												
			金属		1												
	11	接缝宽度	石材	光面	1												
				剁斧石	2												
				蘑菇石	2												
			瓷板		1												
			木材		1												
			塑料		1												
			金属		1												
	施工操作依据																
	质量检查记录																

施工单位检查结果评定	项目专业质量检查员：	项目专业技术负责人： 年 月 日
监理（建设）单位验收结论	专业监理工程师： （建设单位项目专业技术负责人）	年 月 日

任务四 涂饰分部工程质量验收

一、任务描述

施工单位已完成地基基础、主体工程、屋面工程的施工任务,现进入装饰装修工程中涂饰的施工,施工现场如图4-4所示。建筑装饰装修是为了保护建筑物的主体结构、完善建筑物的使用功能和美化建筑物,采用饰面装饰材料或饰物,对建筑物的内外表面及空间进行各种处理的过程。

现需按照质量检验标准和验收方法对本项工作进行质量检查和验收工作。

图 4-4

二、学习目标

通过本任务的学习,你应当能:

1. 根据项目实际情况,完成涂饰工程质量的验收工作;
2. 针对主控项目和一般项目的验收标准,组织完成涂饰工程的质量检查或验收,评定或认定该项目的质量;
3. 正确填涂饰工程质量验收记录表;
4. 根据已验收通过的分项工程,组织装饰装修分部工程的质量验收,判定该分部是否合格。

三、任务实施

1. 信息收集

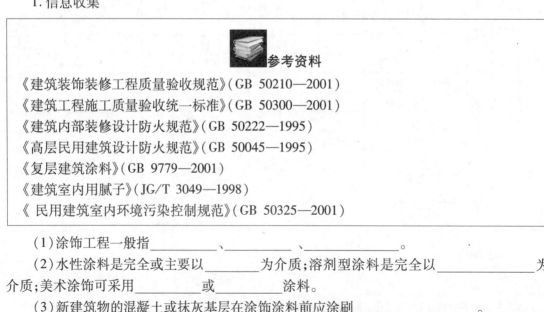

参考资料

《建筑装饰装修工程质量验收规范》(GB 50210—2001)
《建筑工程施工质量验收统一标准》(GB 50300—2001)
《建筑内部装修设计防火规范》(GB 50222—1995)
《高层民用建筑设计防火规范》(GB 50045—1995)
《复层建筑涂料》(GB 9779—2001)
《建筑室内用腻子》(JG/T 3049—1998)
《民用建筑室内环境污染控制规范》(GB 50325—2001)

(1)涂饰工程一般指_____、_____、_____。
(2)水性涂料是完全或主要以_____为介质;溶剂型涂料是完全以_____为介质;美术涂饰可采用_____或_____涂料。
(3)新建筑物的混凝土或抹灰基层在涂饰涂料前应涂刷_____。
(4)厨房、卫生间墙面必须使用_____腻子。

(5)涂饰施工中,对材料质量检查有哪些方面的要求?

_____
_____
_____
_____

(6)基层处理质量检查的具体要求有哪些?

_____
_____
_____
_____

(7)涂饰工程施工中质量检查的内容有哪些?

_____
_____
_____
_____

(8)水性涂料涂饰工程施工的环境温度应在_____之间。

提示

水性涂料是完全或主要用水作为稀释剂的涂料,有乳液型涂料、无机涂料、水溶性涂料等。对于水性涂料,过低的温度或过高的温度都会破坏涂料的成膜,应注意涂饰工程施工的环境温度。同时,还应该注意涂饰工程环境的清洁以及外墙涂饰时的风力。这些环境因素都会对涂饰工程的质量产生影响,施工时应注意。

2. 任务准备(表4-19~表4-25)

水性涂料涂饰工程质量验收标准及检验方法　　　　　　表4-19

项目	序号	检验项目	合格质量标准	检验方法	检查数量
主控项目	1	材料质量	水性涂料涂饰工程所用涂料的品种、型号和性能应符合设计要求	检查产品合格证书、性能检测报告和进场验收记录	室外涂饰工程每100m²应至少抽查一处,每处不得小于10m²。室内涂饰工程每个检验批应至少抽查10%,并不得少于3间;不足3间时应全数检查
	2	涂饰颜色和图案	水性涂料涂饰工程的颜色、图案应符合设计要求	观察	
	3	涂饰综合质量	水性涂料涂饰工程应涂饰均匀、黏结牢固,不得漏涂、透底、起皮和掉粉	①观察;②手摸检查	
	4	基层处理的要求	水性涂料涂饰工程的基层处理应符合设计要求	①观察;②手摸检查;③检查施工记录	

续上表

项目	序号	检验项目	合格质量标准	检验方法	检查数量
一般项目	1	与其他材料和设备衔接处	涂层与其他装修材料和设备衔接处应吻合,界面应清晰	观察	
	2	薄涂料涂饰质量允许偏差	薄涂料的涂饰质量和检验方法应符合表4-20的规定	见表4-20	
	3	厚涂料涂饰质量允许偏差	厚涂料的涂饰质量和检验方法应符合表4-21的规定	见表4-21	
	4	复层涂料涂饰质量允许偏差	复层涂料的涂饰质量和检验方法应符合表4-22的规定	见表4-22	

薄涂料的涂饰质量和检验方法　　　　表4-20

项次	项　目	普通涂饰	高级涂饰	检验方法
1	颜色	均匀一致	均匀一致	观察
2	泛碱、咬色	允许少量轻微	不允许	
3	流坠、疙瘩	允许少量轻微	不允许	
4	砂眼、刷纹	允许少量轻微砂眼、刷纹通顺	无砂眼,无刷纹	
5	装饰线、分色线直线度允许偏差(mm)	2	1	拉5m线,不足5m拉通线,用钢直尺检查

厚涂料的涂饰质量和检验方法　　　　表4-21

项次	项　目	普通涂饰	高级涂饰	检验方法
1	颜色	均匀一致	均匀一致	观察
2	泛碱、咬色	允许少量轻微	不允许	
3	点状分布	—	疏密均匀	

复合涂料的涂饰质量和检验方法　　　　表4-22

项次	项　目	质量要求	检验方法
1	颜色	均匀一致	观察
2	泛碱、咬色	不允许	
3	喷点疏密程度	均匀,不允许连片	

溶剂型涂料涂饰质量检验标准　　　　表4-23

项目	序号	检验项目	合格质量标准	检验方法	检查数量
主控项目	1	涂料质量	溶剂型涂料涂饰工程所选用涂料的品种、型号和性能应符合设计要求	检查产品合格证书、性能检测报告和进场验收记录	室外涂饰工程每100m²应至少抽查一处,每处不得小于10m²。室内涂饰工程每个检验批应至少抽查10%,并不得少于3间;不足3间时应全数检查
	2	颜色、光泽、图案	溶剂型涂料涂饰工程的颜色、光泽、图案应符合设计要求	观察	
	3	涂饰综合质量	溶剂型涂料涂饰工程应涂饰均匀、黏结牢固,不得漏涂、透底、起皮和反锈	①观察;②手摸检查	
	4	基层处理	溶剂型涂料涂饰工程的基层处理应符合基层处理	①观察;②手摸检查;③检查施工记录	

续上表

项目	序号	检验项目	合格质量标准	检验方法	检查数量
一般项目	1	与其他材料和设备衔接处	涂层与其他装修材料和设备衔接处应吻合,界面应清晰	观察	
	2	色漆的涂饰质量	色漆的涂饰质量和检验方法应符合表4-24的规定	见表4-24	
	3	清漆的涂饰质量	清漆的涂饰质量和检验方法应符合表4-25的规定	见表4-25	

色漆的涂饰质量和检验方法　　　　　　　　　　　　　表4-24

项次	项　目	普通涂饰	高级涂饰	检验方法
1	颜色	均匀一致	均匀一致	观察
2	光泽、光滑	光泽基本均匀光滑无挡手感	光泽均匀一致光滑	观察、手摸检查
3	刷纹	刷纹通顺	无刷纹	观察
4	裹棱、流坠、皱皮	明显处不允许	不允许	观察
5	装饰线、分色线直线度允许偏差(mm)	2	1	拉5m线,不足5m拉通线,用钢直尺检查

注:无光色漆不检查光泽。

清漆的涂饰质量和检验方法　　　　　　　　　　　　　表4-25

项次	项　目	普通涂饰	高级涂饰	检验方法
1	颜色	基本一致	均匀一致	观察
2	木纹	棕眼刮平、木纹清楚	棕眼刮平、木纹清楚	观察
3	光泽、光滑	光泽基本均匀光滑无挡手感	光泽均匀一致光滑	观察、手摸检查
4	刷纹	无刷纹	无刷纹	观察
5	裹棱、流坠、皱皮	明显处不允许	不允许	观察

3. 任务实施

根据实际检测结果填写完成表4-26、表4-27。

水性涂料涂饰工程检验批质量验收记录表　　　　　　　　表4-26

单位(子单位)工程名称					
分部(子分部)工程名称				验收部位	
施工单位				项目经理	
分包单位				分包项目经理	
施工执行标准名称及编号					
		施工质量验收规范的规定		施工单位检查评定记录	监理(建设)单位验收记录
主控项目	1	涂料品种、型号、性能等	第10.2.2条		
	2	涂饰颜色和图案	第10.2.3条		
	3	涂饰综合质量	第10.2.4条		
	4	基层处理	第10.2.5条		

续上表

		施工质量验收规范的规定			施工单位检查评定记录	监理(建设)单位验收记录
一般项目	1	与其他材料和设备衔接处		第10.2.9条		
	2	薄涂料涂饰质量允许偏差	颜色	普通涂饰	均匀一致	
				高级涂饰	均匀一致	
			泛碱、咬色	普通涂饰	允许少量轻微	
				高级涂饰	不允许	
			流坠、疙瘩	普通涂饰	允许少量轻微	
				高级涂饰	不允许	
			砂眼、刷纹	普通涂饰	允许少量轻微砂眼、刷纹通顺	
				高级涂饰	无砂眼、无刷纹	
			装饰线、分色线直线度	普通涂饰	2mm	
				高级涂饰	1mm	
	3	厚涂料涂饰质量	颜色	普通涂饰	均匀一致	
				高级涂饰	均匀一致	
			泛碱、咬色	普通涂饰	允许少量轻微	
				高级涂饰	不允许	
			点状分布	普通涂饰	—	
				高级涂饰	疏密均匀	
	4	复层涂饰质量	颜色		均匀一致	
			泛碱、咬色		不允许	
			喷点疏密程度		均匀,不允许连片	

施工单位检查评定结果	专业工长(施工员)		施工班组长	
	项目专业质量检查员:			年 月 日
监理(建设)单位验收结论	专业监理工程师: (建设单位项目专业技术负责人)			年 月 日

溶剂型涂料涂饰工程检验批质量验收记录表 表4-27

单位(子单位)工程名称			
分部(子分部)工程名称		验收部位	
施工单位		项目经理	
分包单位		分包项目经理	
施工执行标准名称及编号			

		施工质量验收规范的规定		施工单位检查评定记录	监理(建设)单位验收记录
主控项目	1	涂料质量	第10.3.2条		
	2	颜色、光泽、图案	第10.3.3条		
	3	涂饰综合质量	第10.3.4条		
	4	基层处理	第10.3.5条		

续上表

		施工质量验收规范的规定			施工单位 检查评定记录	监理(建设) 单位验收记录
一般项目	1	与其他材料、设备衔接处界面应清晰		第10.3.8条		
	2 色漆涂饰质量	颜色	普通涂饰	均匀一致		
			高级涂饰	均匀一致		
		光泽、光滑	普通涂饰	光泽基本均匀光滑无挡手感		
			高级涂饰	光泽均匀一致光滑		
		刷纹	普通涂饰	刷纹通顺		
			高级涂饰	无刷纹		
		裹棱、流坠、皱皮	普通涂饰	明显处不允许		
			高级涂饰	不允许		
		装饰线、分色线直线度	普通涂饰	2		
			高级涂饰	1		
	3 清漆涂饰质量	颜色	普通涂饰	基本一致		
			高级涂饰	均匀一致		
		木纹	普通涂饰	棕眼刮平、木纹清楚		
			高级涂饰	棕眼刮平、木纹清楚		
		光泽、光滑	普通涂饰	光泽基本均匀光滑无挡手感		
			高级涂饰	光泽均匀一致光滑		
		刷纹	普通涂饰	无刷纹		
			高级涂饰	无刷纹		
		裹棱、流坠、皱皮	普通涂饰	明显处不允许		
			高级涂饰	不允许		
施工单位检查评定结果		专业工长(施工员)			施工班组长	
		项目专业质量检查员：				年　月　日
监理(建设)单位验收结论		专业监理工程师： (建设单位项目专业技术负责人)				年　月　日

四、任务评价

1. 小组评价

根据小组任务完成情况给出评分,见表4-28。

任务评价表　　　　　　表4-28

考核项目	考核标准	分值	学生自评	小组互评	教师评价	小计
团队合作	和谐	10				
活动参与	积极	10				
信息收集情况	资料正确、完整	10				
工作过程顺序安排	合理规范	20				
仪器、设备操作	正确、规范	20				
质量验收记录填写	完整、正确、规范	15				
劳动纪律	严格遵守	15				
总　计		100				
教师签字：			年　月　日		得分	

注:未按照施工安全要求进行操作,出现人身伤害或仪器设备损坏的,本任务考核分记为0分。

2. 自我总结

(1)在完成任务过程中遇到了哪些问题?

___

___

___

___

(2)是如何解决问题的?

___

___

___

___

(3)你认为还需加强哪方面的指导(可以从实际工作过程及理论知识考虑)?

___

___

___

___

 拓展学习

如何挑选油漆涂料

市面上常见的油漆涂料分为油性漆和乳胶漆两大类,其中油性漆主要用于室外,乳胶漆用于室内。油性漆的操作需要一定的专业技能。因此,在家庭装修中,大部分时候,我们都应该选择乳胶漆。乳胶漆的特点是干燥快,并且可以用肥皂和清水来清洗干净。相比之下,油性漆就需要专门的矿物油来清洗(注意:如果你的墙上已经有以前户主涂的油性漆,那么你需要对墙面进行一定的处理以后才能在墙上重新涂乳胶漆。否则会造成新涂上的乳胶漆黏合不好,剥落的情况)。

锁定了我们选择的油漆种类后,要对不同品牌的油漆进行一定的技术筛选。

首先,我们要了解一下各个品牌的油漆的环保指标。油漆涂料在涂完以后,会在较长时期内缓慢地向室内散发甲醛的气味,从而影响室内空气质量。因此,选用含甲醛(或者VOC)低的油漆对于健康是很重要的。购买油漆的时候,一定要向商家要各自的技术指标报告,其中VOC低的油漆,才能考虑使用。这里需要说明,油漆的VOC零排放标准是不可能的,因为油漆中各种燃料需要溶解、黏合,这需要一定的化学试剂。因此,如果商家推荐的油漆是零VOC的,就需要对其信用度打一个问号。我们国家的标准是内墙乳胶漆的VOC含量应小于

200g/L。油漆中的重金属也需要注意,含铅油漆对儿童智力发育很不利。因此在购买之前一定要问清楚。综上所述,在选择油漆时候,最重要的是要拿到各商家的质检报告进行详细比较、选择,不要把这种事情全部交给施工队。

其次,选择漆膜的效果,需要掌握以下几点:

(1)涂料的延展性,延展性越大的产品,墙面涂刷完毕,就越不容易由于干燥产生裂缝。

(2)涂料的可擦洗性,可擦洗性越高证明漆膜的密度越大,也就是涂料做出来的效果就越好,也比较容易清洗。

(3)涂料的防霉性,对于比较容易进水的区域,比如建筑物外墙内侧、屋顶、地下室等地方,比较容易发霉。有的时候需要特殊的防水防霉漆或者在漆表面上加特定的涂料。

(4)涂料的遮盖性,遮盖性越强墙漆对基层污渍的遮盖就越好。一般来说,如果你的前户主装修时候已经使用了含有铅的涂料,你不用把已有的涂料剥下来,只要在表面上加上一层合适的不含铅的乳胶漆涂料就能够遮盖。

漆膜的效果和材料的选择以及施工方法都有关系,因此在操作的过程中要仔细衡量,不能为了一味追求某种效果而损害其他的效果。从漆膜最后的光泽效果来划分,基本上可以分如下几类:

(1)亮漆:最容易清洗,防潮,施工不便,容易凸显房屋结构的缺点,比较适合用于门窗的边框以及厕所等处。

(2)半亮漆:比亮漆少一些光泽,易清洗。

(3)丝光漆:比半亮漆要稍微暗一些,反光柔和。

(4)蛋光漆:适合于卧室、餐厅、起居室等小空间,适合掩藏房屋结构的缺点,有一定的防潮性。

(5)平光漆:多用于天花板,大面积的墙壁,由于不容易清洗,不适合潮湿的场所。

学习情境五　单位工程竣工质量验收与评定

任务一　单位工程质量验收与备案

一、任务描述

施工单位已完成地基基础、主体工程、屋面工程及装饰装修工程的施工任务,现进入单位工程的竣工验收(图5-1)。单位工程是指具有独立施工条件并能形成独立使用功能的建筑物及构筑物。单位工程由分部组成,单位工程的竣工验收建立在各分部工程验收合格的基础之上。单位工程质量验收也称质量竣工验收,是对已完成的工程进行综合验收,确认其是否满足各项功能要求、能否交付使用。这是工程投入使用前的最后一次验收,也是最重要的一次验收。

现需按照质量检验标准和验收方法对本单位工程质量进行检查和验收和备案工作。

图 5-1

二、学习目标

通过本任务的学习,你应当能:
1. 根据项目实际情况,正确地组织单位工程竣工验收工作;
2. 正确地进行建筑工程安全和功能检验资料的核查和主要功能的抽查;
3. 能进行一般项目的观感质量检查;
4. 正确填写单位工程质量验收记录表;
5. 根据已验收通过的分部工程,判定该单位工程是否合格。

三、任务实施

1. 信息收集

 **参考资料**

《建筑工程施工质量验收统一标准》(GB 50300—2001)
《建筑工程施工质量检查与验收手册》
《建筑工程质量控制与验收》

引导问题1:质量检验评定是如何组织的?

(1)检验批、分项工程应由_____组织施工单位项目专业质量(技术)负责人等进行验收。

(2)分部工程应由_____组织施工单位项目负责人和技术、质量负责人等进行验收;地基与基础、主体结构工程分部的勘察、设计单位工程项目负责人和施工单位技术、质量部门负责人也应参加相关分部工程验收。

(3)单位工程应由_____负责人组织施工、设计、监理等单位负责人进行验收。

(4)单位工程由分包单位施工时,分包单位对所承包的工程项目应按标准规定的程序检验评定,_____应派人参加。分包工程完成后,将工程有关资料交_____。

(5)单位工程质量验收合格后,_____应在规定时间内将工程竣工验收报告和有关文件,报_____部门备案。

引导问题2:单位工程质量验收的程序如何?

请将下列文字填入图5-2,将单位工程质量验收流程图补充完整。

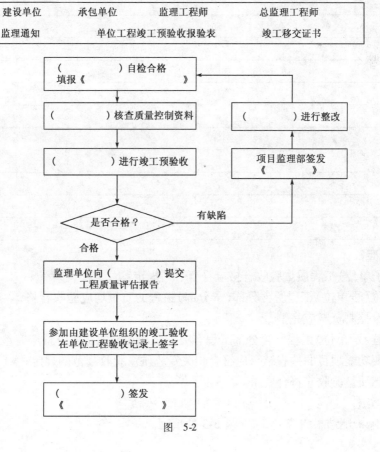

图 5-2

引导问题 3：建设单位同意进行竣工验收的前提条件有哪些？

引导问题 4：工程项目竣工验收的资料有哪些？

2. 任务准备

单位(子单位)工程质量验收合格应符合下列规定：

(1)单位(子单位)工程所含分部(子分部)工程的质量均应验收合格；

(2)质量控制资料应完整；

(3)单位(子单位)工程所含分部工程有关安全和功能的检测资料应完整；

(4)主要功能项目的抽查结果应符合相关专业质量验收规范的规定；

(5)观感质量验收应符合要求。

3. 任务实施

根据实际检测结果完成表 5-1 ~ 表 5-3 的填写。

单位(子单位)工程安全和功能检验资料核查及主要功能抽查记录　　　　表 5-1

工程名称			施工单位				
序号	项目	安全和功能检查项目		份数	核查意见	抽查结果	核查(抽查)人
1	建筑与结构	屋面淋水试验记录					
2		地下室防水效果检查记录					
3		有防水要求的地面蓄水试验记录					
4		建筑物垂直、标高、全高测量记录					
5		抽气(风)道检查记录					
6		幕墙及外窗气密性、水密性、耐风压检测报告					
7		建筑物沉降观测测量记录					
8		节能、保温测试记录					
9		室内环境检测报告					
1	给排水与采暖	给水管道通水试验记录					
2		暖气管道、散热器压力试验记录					
3		卫生器具满水试验记录					
4		消防管道、燃气管道压力试验记录					
5		排水干管通球试验记录					
6							
1	电气	照明全负荷试验记录					
2		大型灯具牢固性试验记录					
3		避雷接地电阻测试记录					
4		线路、插座、开关接地检验记录					
1	通风与空调	通风、空调系统试运行记录					
2		风量、温度测试记录					
3		洁净室洁净度测试记录					
4		制冷机组试运行调试记录					
5							
1	电梯	电梯运行记录					
2		电梯安全装置检测报告					
1	智能建筑	系统试运行记录					
2		系统电源及接地检测报告					
3							

结论：

施工单位项目经理　　年　月　日

总监理工程师
(建设单位项目负责人)
　　　年　月　日

注：抽查项目由验收组协商确定。

单位(子单位)工程质量竣工验收记录　　　　　表 5-2

工程名称		建设面积		绿化面积	
施工单位		技术负责人		开工日期	
项目经理		项目技术负责人		竣工日期	

序号	项目	验收记录 (施工单位填写)	验收结论 (监理或建设单位填写)
1	分部工程	共　　分部,经查　　分部, 符合标准及设计要求　　分部	
2	质量控制资料核查	共　　项,经审查符合要求　　项	
3	主要功能和安全项目抽查	共抽查　　项,符合要求　　项, 其中经处理后符合要求　　项	
4	观感质量验收 附属设施评定意见	共抽查　　项,符合要求　　项, 不符合要求　　项	
5	综合验收结论 (建设单位填写)		

	建设单位	勘察单位	设计单位	施工单位	监理单位
参加验收单位	(公章) 单位(项目) 负责人: 年　月　日	(公章) 单位(项目) 负责人: 年　月　日	(公章) 单位(项目) 负责人: 年　月　日	(公章) 单位负责人: 年　月　日	(公章) 总监理 工程师: 年　月　日

注:本表一式肆份,建设单位、施工单位、监理单位、城建档案局各一份。

施工现场质量管理检查记录表

表 5-3

工程名称		施工许可证（开工证）	
建设单位		项目负责人	
设计单位		项目负责人	
监理单位		总监理工程师	
施工单位		项目经理	项目技术负责人

序号	项目	内容
1	现场质量管理制度	
2	质量责任制	
3	主要专业工种操作上岗证书	
4	分包方资质与对分包单位的管理制度	
5	施工图审查情况	
6	地质勘察资料	
7	施工组织设计（施工方案）及审批	
8	施工技术标准	
9	工程质量检验制度	
10	搅拌站及计量设置	
11	现场材料、设备存放与管理	

检查结论：

总监理工程师：
（建设单位项目负责人）　　　年　月　日

注：施工现场质量管理检查记录应由施工单位填写，总监理工程师（建设单位项目负责人）进行检查，并做出检查结论。

四、任务评价

1. 小组评价

根据小组任务完成情况给出评分,见表5-4。

任务评价表　　　　　　　　　　　　表5-4

考核项目	考核标准	分值	学生自评	小组互评	教师评价	小计
团队合作	和谐	10				
活动参与	积极	10				
信息收集情况	资料正确、完整	10				
工作过程顺序安排	合理规范	20				
仪器、设备操作	正确、规范	20				
质量验收记录填写	完整、正确、规范	15				
劳动纪律	严格遵守	15				
总计		100				
教师签字:			年　月　日		得分	

注:未按照施工安全要求进行操作,出现人身伤害或仪器设备损坏的,本任务考核分记为0分。

2. 自我总结

(1)在完成任务过程中遇到了哪些问题?

_____
_____
_____
_____

(2)是如何解决问题的?

_____
_____
_____
_____
_____

(3)你认为还需加强哪方面的指导(可以从实际工作过程及理论知识考虑)?

_____
_____
_____
_____
_____
_____

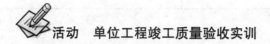

活动　单位工程竣工质量验收实训

活动一　对单位工程进行观感质量评定

1. 单位工程项目

已完工的单位工程。

2. 检验工具及使用

成套检测工具。

3. 观感质量的检查和评定

观感质量验收,这类检查往往难以定量,只能以观察、触摸或简单量测的方式进行,检查结果并不给出"合格"或"不合格"的结论,而是综合给出"好"、"一般"或"差"的质量评价。对于评定为"差"的检查点应通过返修处理进行补救。

4. 步骤提示

对照规定逐项评定—综合评价—评定结论—核定结论。

5. 填写记录

填写单位工程观感质量验收记录表5-5。

单位(子单位)工程观感质量检查记录　　　　　　　　　　　　　表5-5

工程名称			施工单位						
序号		项目	抽查质量状况				质量评价		
							好	一般	差
1	建筑与结构	室外墙面							
2		变形缝							
3		水落管,屋面							
4		室内墙面							
5		室内顶棚							
6		室内地面							
7		楼梯、踏步、护栏							
8		门窗							
1	给排水与采暖	管道接口、坡度、支架							
2		卫生器具、支架、阀门							
3		检查口、扫除口、地漏							
4		散热器、支架							
1		配电箱、盘、板、接地盒							
2		设备器具、开关、插座							
3		防雷、接地							
1		风管、支架							
2		风口、风阀							
3		风机、空调设备							
4		阀门、支架							

续上表

工程名称			施工单位							质量评价		
序号		项目	抽查质量状况							好	一般	差
5		水泵、冷却塔										
6		绝热										
1	电梯	运行、平层、开关门										
2		层门、信号系统										
3		机房										
1	智能建筑	机房设备安装及布局										
2		现场设备安装										
3												
观感质量综合评价												
检查结论		施工单位项目经理 年 月 日						总监理工程师 (建设单位项目负责人) 年 月 日				

注:质量评价为差的项目,应进行返修。

活动二 阅读某工程项目竣工资料档案

1. 资料要求

单位工程全部竣工资料档案。

2. 步骤提示

分类—阅读—讨论—教师总结。

阅读资料时应重点注意的问题:资料的填写格式、表述方法、相关责任主体的签字格式、存档部门等。

3. 问题讨论

(1)该项目竣工资料是否齐全?

_____

_____

_____

(2)你认为还有哪些地方需要改进?

_____

_____

_____

小知识

"鲁班奖"全称为"建筑工程鲁班奖",1987年由中国建筑业联合会设立,1993年移交中国建筑业协会。"鲁班奖"是行业性荣誉奖,属于民间性质。主要目的是为了鼓励建筑施工企业加强管理,搞好工程质量,争创一流工程,推动我国工程质量水平普遍提高。1996年7月,根据建设部"两奖合一"的决定,将1981年政府设立并组织实施的"国家优质工程奖"与"建筑工程鲁班奖"合并为"中国建筑工程鲁班奖",每年评选一次,奖励数额现为每年80个。目前,这项标志着中国建筑业工程质量最高荣誉的奖项,由建设部、中国建筑业协会颁发(图5-3)。

申报"鲁班奖"的工程应具备以下条件:

(一)符合法定建设程序、国家工程建设强制性标准和有关省地、节能、环保的规定,工程设计先进合理,并已获得本地区或本行业最高质量奖;

(二)工程项目已完成竣工验收备案,并经过一年使用没有发现质量缺陷和质量隐患;

(三)工业交通水利工程、市政园林工程除符合本条(一)、(二)项条件外,其技术指标、经济效益及社会效益应达到本专业工程国内领先水平;

(四)住宅工程除符合本条(一)、(二)项条件外,入住率应达到40%以上;

(五)申报单位应没有不符合诚信的行为。自2011年起,申报工程原则上应已列入省(部)级的建筑业新技术应用示范工程。

(六)积极采用新技术、新工艺、新材料、新设备,其中有一项国内领先水平的创新技术或采用建设部"建筑业10项新技术"不少于6项。

图 5-3

任务二 工程质量事故的处理

一、任务描述

施工单位已完成单位工程的竣工验收,但是在施工过程中,由于受到各种因素的影响,工程质量不可避免地存在不同程度的波动,当其超过规范允许的偏差范围就会产生不合格品(图5-4)。

现需按照《建筑工程质量管理条例》、《建筑法》对质量管理的要求,对工程质量事故进行处理。

二、学习目标

通过本任务的学习,你应当能:
1.根据事故特征分析判断事故形成的原因;
2.正确地进行事故等级的判断;

3. 正确的对事故进行处理;
4. 提出预防事故发生的措施和方法。

图 5-4

三、任务实施

1. 信息收集

 参考资料

《建筑工程施工质量验收统一标准》(GB 50300—2001)
《建筑施工安全检查标准》(JGJ 59—1999)
《建设工程安全生产管理条例》

引导问题 1:如何区分质量不合格与质量缺陷、质量事故?

(1)凡工程产品质量没有满足某个规定的要求,称之为_____。

(2)没有满足某个预期的使用要求或合理的期望,则称之为_____。

(3)由于工程质量不合格或质量缺陷而造成或引发经济损失、工期延误或危及人的生命和社会正常秩序的事件,称为_____。

(4)当建筑工程质量不符合要求时,应如何进行处理?

_____
_____
_____
_____
_____

(5)通过返修或加固处理仍不能满足安全使用要求的分部工程、单位工程,_____
____。

引导问题 2:造成质量事故的因素有哪些?

将下列对应的内容用线连起来。

因素	现象
自然条件原因	违章作业
	暴雨
施工和管理原因	未经验收任意加层
	无证设计
材料、设备原因	水泥受潮或过期
使用原因	不按图施工
	砂石级配不合理
违背建设程序	在承重墙上任意打洞

引导问题3： 房屋建筑工程质量保修期限是如何规定的？

(1) 房屋建筑工程保修期从_____之日起计算。

(2) 屋面防水工程、有防水要求的卫生间、房间和外墙面的防渗漏,最低保修期限为(   )。
    A.2 年　　　　　B.4 年　　　　　C.5 年　　　　　D.使用年限内

(3) 供热与供冷系统,最低保修期限为_____个采暖期、供冷期。

(4) 电气系统、给排水管道、设备安装最低保修期限为(   )。
    A.2 年　　　　　B.4 年　　　　　C.5 年　　　　　D.使用年限内

(5) 装修工程的最低保修期限为_____年。

(6) 哪些情况不属于规定的保修范围？

_____

_____

(7) 保修费用由_____承担。

引导问题4： 伤亡事故是如何分类的？

(1) 一次事故死亡1~2人为_____事故；一次事故死亡3人以上(含3人)为_____事故。

(2) 二级重大事故是指死亡_____人以上,_____人以下或直接经济损失_____万元以上,不满_____万元。

引导问题5： 什么是事故处理的"四不放过"原则？

_____

_____

_____

2.任务准备

质量事故的处理程序如图5-5所示。

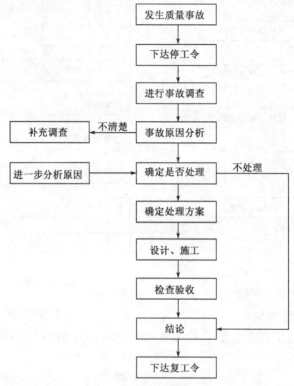

图5-5　质量事故处理程序

3.任务实施

[案例]

2009年6月27日凌晨5点35分,上海市闵行区一处在建楼盘——莲花河畔景苑靠近淀浦河一侧7号在建的13层住宅楼忽然向南侧连根整体倾倒,造成1名工人死亡,见图5-6～图5-8。

问题1:根据所学内容分析、判断,该工程质量事故是什么等级?

_____
_____
_____
_____
_____

问题2:分析出现该事故的主要原因?

_____
_____
_____
_____

图 5-6 倒塌的 13 层楼

图 5-7 断裂的管桩基础

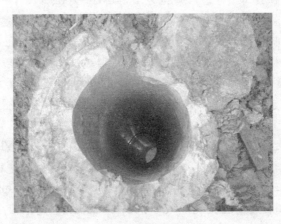
图 5-8 断裂的管桩

问题 3：如何预防这类事故的再次发生？

参 考 文 献

[1] 鲁辉.建筑工程施工质量检查与验收.北京:人民交通出版社,2007.
[2] 曾跃飞.建筑工程质量检验与安全管理.北京:高等教育出版社,2005.
[3] 邵英秀.建筑工程质量事故分析.北京:机械工业出版社,2004.
[4] 彭圣浩.建筑工程质量通病防治手册.北京:中国建筑工业出版社,2002.
[5] 毛龙泉.建筑工程施工质量检查与验收手册.北京:中国建筑工业出版社,2002.
[6] 《建筑地基基础工程施工质量验收规范》GB 50202—2002 北京:中国计划出版社,2002.
[7] 《建筑工程施工质量验收统一标准》GB 50300—2001 北京:中国建筑工业出版社,2001.
[8] 《屋面工程质量验收规范》GB 50207—2002 北京:中国建筑工业出版社,2002.
[9] 《混凝土质量控制标准》GB 50164—92 北京:中国建筑工业出版社,1992.
[10] 《砌体工程施工质量验收规范》GB 50203—2002 北京:中国建筑工业出版社,2002.
[11] 《混凝土结构工程施工质量验收规范》GB 50204—2002 北京:中国建筑工业出版社,2002.
[12] 《钢筋焊接及验收规程》JGJ 18—2003 北京:中国建筑工业出版社,2003.
[13] 《钢结构工程施工质量验收规范》GB 50205—2001 北京:中国建筑工业出版社,2001.
[14] 《混凝土泵送施工技术规程》JGJ/T 10—95 北京:中国建筑工业出版社,1995.
[15] 《建筑装饰装修工程质量验收规范》GB 50210—2001 北京:中国建筑工业出版社,2001.
[16] 《建筑施工高处作业安全技术规范》JGJ 80—91 北京:中国计划出版社,1992.